U0107254

大观茶论

宋代经典茶书八种

［宋］赵佶 等 著

明洲 注

九州出版社
JIUZHOUPRESS

图书在版编目（CIP）数据

大观茶论 ：宋代经典茶书八种 / （宋）赵佶等著；明洲注. —北京：九州出版社，2022.12
ISBN 978-7-5225-1521-2

Ⅰ. ①大… Ⅱ. ①赵…②明… Ⅲ. ①茶文化—中国—宋代 Ⅳ. ①TS971.21

中国版本图书馆CIP数据核字（2022）第228024号

大观茶论：宋代经典茶书八种

作　　者　（宋）赵佶 等著　明洲 注
选题策划　于善伟　毛俊宁
责任编辑　毛俊宁
封面设计　吕彦秋
出版发行　九州出版社
地　　址　北京市西城区阜外大街甲35号（100037）
发行电话　（010）68992190/3/5/6
网　　址　www.jiuzhoupress.com
印　　刷　北京盛通印刷股份有限公司
开　　本　880毫米×1230毫米　32开
印　　张　13
字　　数　300千字
版　　次　2023年10月第1版
印　　次　2023年10月第1次印刷
书　　号　ISBN 978-7-5225-1521-2
定　　价　88.00元

新版序言

茶以观世，茶以明心

在多年前，我做了一些梳理中国茶道与茶文化脉络的工作，其中就包括对《大观茶论》等宋代八种茶书的重新整理校注，这是一件十分值得庆幸的事。

茶给了我观察历史，观察自然，观察人身与人心的一个门径，这条路优雅而又实在，在日用之中时时印契着我们这个文明的精神内核与终极追求，这一点，所有的爱茶人或知或不知，其实都已入此境界中来。

就历史而言，我们常常听说宋代是中国文化的高峰，甚至如陈寅恪先生所说是华夏文化造极之世。这个评价如果我们仅仅从表面看，似乎很难认同，每个时代的文化都有其特色，也都留下了了不起的艺术成果，如何理解宋代是造极之世呢?

如果我们从茶道、香道这样的领域不断深入，我们就会发现，这个说法其实与我们民族的精神追求密切相关。明代当然也有名茶和茶文化，也有香方和香文化，甚至当时很多人认为水平超越了前朝。

但是，如果我们以文化背后的思想境界观之，以在生活日用中的实践与感悟观之，不能不说还是有高下之分的。北宋的文化之盛与晚明的文化之盛，其精神内核是大不相同的。其内在之勃勃生机，其视野胸襟之开阔，对宇宙人生体悟之深刻，的确已是华夏文明的高峰，这个我们只有进入具体的场景中，才能不断地体会，泛泛而谈没有太大意义。从这个角度来说，茶道、香道这些领域，其实是绝佳的契入点。

通过这本书，我也有幸结识了一些对宋茶感兴趣，志趣相投的朋友，他们对宋茶的实践常常让我佩服和感叹。我也希望更多的朋友能深入此道，与我们民族的精神巅峰神会。

茶为时木，本身就是自然的产物，而“茶”字人居其间，也正是人与天地精神相往来的通道。这些年不断行走在云南的古茶山，寻树制茶，让我对我们这个与自然深度连接的文明传承，有了很多不一样的体会。

所谓阴阳、五行、气韵等这些看似抽象的概念，只有当你应用于具体的茶园，具体的制茶当中，你才会发现他们在指导实践时的价值所在。同时在喝茶时不断地体会，你就会发现，自然和人身互为印证，妙不可言。而古人的茶书其实也蕴藏着很多这样的密码，等待着我们去发现。

最后，最为关键的，还是人心。

这些年我越来越觉得，茶的本质，既不是保健饮料，也不是风味饮料，而是精神饮料。

尽管我们现在的茶文化颇有起色，很多专家也志得意满，但不容忽视的一点是，中国的人均饮茶量，自唐宋高峰期之后，就一直下滑，直到现在也没恢复到之前的一半，在世界主要饮茶国家中更是排在后面，哪怕经济条件已经大为改善的今日，也是如此。

一天我在谈到这个问题时，一位老茶人说，这毫不意外，因为茶是一种精神饮料。这句话的确切中肯綮，饮茶需要的是一份闲情，一种生活态度，和经济发展的程度并没有协同一致的关系。

如果人的生活长期处于比较紧张压抑的状态，仅有的空闲时间又完全被低质量的手机娱乐所分割，茶文化其实也面临极大的挑战。即使我们可以一边刷手机，一边心不在焉地喝茶，这大打折扣的体验感，也无法让茶完成心理转换的功能，精神饮料也就失去了意义。

所以，我们观察市场就会发现，当经济形势日趋严峻，茶叶消费受到的冲击，其实比一般消费品还要大。在资源有限的情况下，精神需求肯定要往后排了。

沧浪之水，清浊相宜，我一向是个非常随缘的人，任何事都有其时节因缘，勉力为之未必有正面的效果。但在推广茶文化方面，尤其是中国茶道的精神传承方面，还是多少有点逆势而为的愿望。

这并非什么高尚的理念。而是每每想到，能静下来品一杯茶，是我们可以轻易与自然连接，与古人连接，轻松进入我们民族精神家园的媒介，在这个时代是多么难得。而在时间、情感、信息都日渐碎片化，互相杂糅的现代社会中，一杯茶，同样也是我们保有自己心灵空间，重建我们身心完整性的一次努力。

不要让感受被架空，不要让概念替代体验，也不要成为情绪的傀儡。让我们从这一杯茶开始，体验，感受，印契，让我们的生命更加充盈，生活更有质感。

这是茶在后现代给我们的机会。

我这两年在不断完善一本普洱茶书的资料，不久也将会和大家见面。我身边一些喝茶人因为理念的误差，导致身体的问题，未来我也会专门出一本茶和人体健康的书籍，深入探讨喝什么样的茶，怎样喝茶以及如何藏茶才能得其利去其弊。

我做这些事也只有一个目的，希望大家越喝越健康，越喝越开心，越喝越自在。

癸卯孟秋白露日

明洲于白龙潭

序言

巅峰时代的生活美学

回望我们这个民族的历史，如果想从让生活过得更美好这个角度，来寻找一些支持的话，那大多数人都会聚焦到宋代。正如陈寅恪先生所说："华夏民族之文化，历数千载之演进，而造极于赵宋之世。后渐衰微，终必复振。"这样说来，关注宋人的世界，不仅对过好我们的生活有所助益，对民族文化之复兴也颇为重要。

说文化复兴未免话题宏巨，如何过好每个人的生活，则不可回避。处于一个快速变幻的时代，再来看这个问题，则有两方面的深意。

一方面，文化传承并非如技术演进，有着单向度的迭代进化；实际上，我们面对宋人的生活美学，往往需仰视方见其全貌，实无居高临下的自信。另一方面，对生活的细腻品味，对生活中美的敏感，对于闲暇日少，节奏激荡的现代人来说，本非所长，时代之大势使然；这让我们怀古之时，又颇生艳羡之意。

当然，一个时代有一个时代的共业因缘，一味摹古并不是好主意。但无论怎样，总需先了解古人达到了一个怎样的高度，其精神世界又有怎样的气象，方才谈得到推陈出新，找到当下的方式，从而让我们的生活既有内涵、又有趣味，同时具有无限延展的可能。

这便是我们关注宋代茶文化，整理这本书的意义所在了。

无论是理解古人的生活美学，还是我们要让自己的生活更美好。都可从以下几个方面着眼与着手。

一是知识与技术的层面。如同我们品一道茶，仅仅能说出真好恐怕是不够的。总要有一定的知识储备，才能感受其结构与层次，从而有更好的体验。这方面古人要言不烦，尤其是《茶录》与《大观茶论》，都能直指问题核心，对今日颇有启发。而作为巅峰时代贵族文化的代表，宋徽宗的品鉴理念，更是超越时代，其对口感中重量感、空间感、平衡感的把握，实际上与现代葡萄酒领域专业人士颇为相似，而反观其后的茶叶品鉴，则似乎是退步了。

不仅如此，即便在对山场与工艺这些技术范畴的理解上，宋人似乎也超过当代。这多少令人困惑，但想想这个时代，更多地关注点在于市场、销量、利润，那对于一些可能“无用”的知识与技术的忽略也便可以理解了。《东溪试茶录》中对山场分布、茶园划分、品种特性等方面的记述，不仅开了品茶山场文化的先河，甚至可以说是今人尚未逾越的高峰。在书中宋子安已经构建了细致的“口感地图”，而这正和我近年来对古树普洱的研究方向不谋而合。想想现在大多数的普洱山头茶著作非但达不到这样的高度，甚至对于茶园如何划分，树种的多样性等最基本的知识都视而不见，未免令人唏嘘。

黄儒的《品茶要录》则更多地关注工艺方面的问题。面对工艺，古人往往有更开放的视野，这也给今人颇多启发。更值得关注的是古人工艺的丰富性，这就又涉及背后的观念了。

古人相信我们的世界运行阴阳相生，五行运化，有着内在的和谐，今人则往往不以为然。我们不必迷信古人的观念，这是对的，但是却往往忽略了今人的局限。什么局限呢？从工艺的角度说，现代人往往只关注一个参数，杀青到什么程度，焙火到什么程度，含水率达到多少，形成了一种线性的思维，无形中误以为只要达到这些参数就万事大吉了。其实，衡量一款茶的好坏，并不限于这些。以生物分子成分之多样，结构之复杂，可能有的内涵物质，有的参数我们并未充分认识。古人因为上述的观念，思维的发散，反而会做一些不厌其烦的工作。比如反复加水研磨，过黄时水火并用、多次锤炼。这些方法或许有改进的空间，但是这样的操作却大大开拓了视野，一下子打开了众多的可能。

这些不仅在技术上对我们会有启发，在观念上，也会让我们的操作充满生机与趣味。而如果我们对《北苑别录》里面的工艺详细梳理的话，会发现，宋茶看似奇怪的工艺，和唐代以来的外丹、丹药传统密不可分。基本上每一个操作，都能在丹药制作中找到对应的依据。而丹药的背后是道家的自然哲学，是天人合一的理念。那我们所看到的工艺其实只是冰山一角，水面下还有众多的精彩等待我们去发掘。这也将在后续的研究工作中逐渐展开。

除了知识与技术、观念与哲学，宋人之所以站在文化之巅峰，还在于艺术与审美的高度。这个在本书关于《大观茶论》的附文中多有涉及，这里不再展开。我们想借此回到一个根本的问题，这也是我注的《茶经》里面提出的问题：中国究竟有没有茶道？如果有，是什么样的？对今天有无意义？

茶道这个词，英文可以译为“tea ceremony”，也可以译为“tea art”；因为英文上没有词语可以对应“道”，只能借用别的词语。这两个词初看只是翻译不同，实际上从礼仪

“ceremony”入，还是从艺术“art”入，代表的则是不同的门径。很多人会认为，日本茶道是典型的从礼仪入手；看了这本书“点茶”的部分，可能会认为宋人会从艺术入手。这样来理解也可以，但是可能错过了主题。

考察日本茶道的历史，一休、珠光时代，也并无完备的仪式，即便有简单的仪式，也并未赋予太多的含义。珠光从一休那里得到的，更多的是禅者之间的点拨与默契。到千利休时代，方才逐渐成其范式，同时也渐形成侘寂之美学。盖道之将行，顺应时地而已。仪式化的茶道如果失去其历史与心态的语境，则未必能达到好的效果。

如果说日本人对道的态度是顶礼膜拜，树碑立传。中国的古人多认为，道不可须臾离，更无须大书特书，如果这样做，已经是“背道而驰”了。禅宗有无数的公案，但都是鲜活而非死板的，这方才是道的本义。同样，虽然宋人达到了艺术的巅峰，点茶也可称是美轮美奂的艺术，但是这不过是道之运行，道之体现。如果将其命名为“道”，则无异于是对道真正的污染。这方是禅宗与道家皆达到高峰的宋代却没有形成所谓“茶道”的根本原因。

千年之下，习惯于现代知识体系的我们，对于茶、对于道，恐怕已无古人的自信。从这个角度说，日式茶道的程式化自有其市场，也无须排斥。只不过现代社会压力之下，人心看似强大却很脆弱，如果过于拘谨，层层包裹，难以舒展，却是求道之大忌。以趣味，以意乐进入，更容易让我们的警惕放松下来，邂逅不一样的世界。这方面恰是宋人的特长，巅峰时代的生活美学自有其深意。

无论从何而入，总不要忘记我们的初心，我们习茶、饮茶的初心，希望浓缩宋茶精华的这本书能帮到大家。

本书收录的八本经典茶书，囊括了宋代茶学与茶文化的各个方面，也是目前最全面的详注版本。我们尽量选择较古老的权威版本来作为底本，结合对宋人文化的理解及茶领域个人经验进行详细的解读。毕竟相距千年，有些场景只能靠想象，如有不足挂漏之处，还望受教于方家。

茶书正文之前，是我在微信公众号上发的相关解读文章，行文比较随意，望大家谅解；好在通俗易懂，这里也基本不做改动，附在书中。书中的插图精选宋代茶画与茶器，希望给大家更直观的感受。

2018年1月16日

明洲于茗寿堂

目录

导读

在北国漫天飞雪的日子里，徽宗还会煮水点茶吗？透过盏中的云蒸霞蔚，幻影婆娑，他会看见当年太清楼上那个七汤点茶的自己吗？

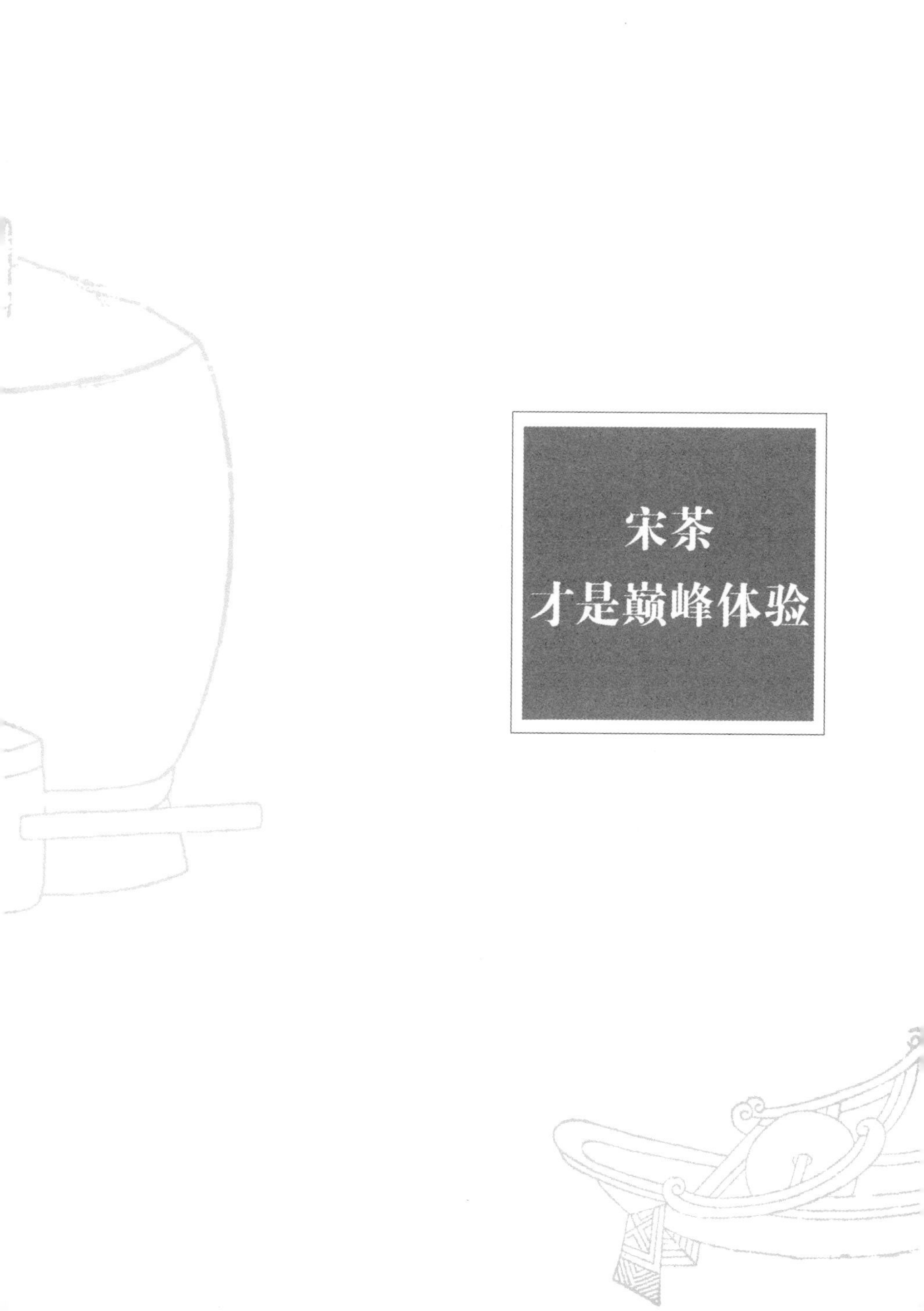

宋茶
才是巅峰体验

做茶的第一难题

谈宋茶还是有犹豫的，因为宋茶骨髓里是贵族的东西。贵族的玩法不是不好，是太麻烦，太累。但是看现在很多人用很粗糙的体验去衡量宋茶，把古人看低了，又心有不甘，总是要啰嗦几句。

既然谈，我们不能光谈风月，这样很多人会说这都是装，其实真正的贵族恰恰是最不会装的人，因为根本就不在意这些东西呀，只有向往又达不到的人才会装，不是吗？

契合这个时代，我们要从技术流的角度分析一下，宋茶达到了怎样的高度，这样比较好交流一点。

什么是好茶

在详细分析之前，我们要了解一些前提。最重要的一条是——好茶的标准。不同文化背景，教育背景，生活环境和成长经历的人，差异很大。

宋人评茶，有一个评语，叫“色味皆重”。按很多人的观点，颜色漂亮又霸气，当然是好茶。但是在宋人那里，这是一个不好的评语。比如蔡襄《茶录》里面讲真正的好茶还得是北苑凤凰山一带的，其他地方的茶，再怎么提高工艺，努力制作，也是“色味皆重”，没法和北苑比。

你说这有道理吗？有道理。有句话叫“穷人重口味，富人轻口味”，这个我在《从老班章到红烧牛肉面》里面谈过，其实对于阶层划分已不明显的中国来说，这种趋势看不太出来了。在有阶层差别的地区还能看出来，我去印度在街边吃点samosa之类的小吃，那口味重得你不就着一瓶矿泉水无法下咽，让我怀疑佛经里提到的北印度美食是否真的存在。而你到了五星级酒店，口味就远没有那么重了，再到真正贵族的家里去吃饭，那你对印度美食的信心就很快恢复了。

颜色也是一样，看看汝窑就知道了，这个不多谈。

当然，拒绝浓重口味，并不是推崇寡淡，按《大观茶论》，好茶的标准是“甘香重滑”，这个重，不是重口味之重，而是讲结构，讲内质，讲茶的力道。实际上宋人的审美和道家、禅宗有很大关系，了解这个对理解宋茶会很有帮助。

如果了解美食就知道，“甘香重滑”，香气、滋味与结构、触感并重，是典型的贵族口味，是欲望的高级表达，和唐代茶风大不一样。即便对陆羽，宋人只是在精神层面尊重，对他的茶并不感冒。因为在贵族看来，那都叫“草茶”，很粗糙，很民间，潜台词是比较low。这个大家看《苕溪渔隐丛话》，包括黄儒的《品茶要录》都是这样的观念。站在整个中国文化的角度，我当然不能认同这个判断，但我们这里大概可以知道，宋人的价值取向和审美情趣是在哪个方向，这样后面讨论就有了基础。

做茶的第一难题

好了，我们开始进入正题，先要问一个问题，茶，作为一种饮品，口感上最核心的问题是什么？无论古今，也无论中外，了解了这个问题，对茶的认识就不一样了。

茶，不仅有香甜，还有苦涩。不仅有各种芳香物质、茶氨酸，还有占比更大的茶多酚和咖啡因。怎么处理好这两部分的关系，是茶口感上的核心问题。

为什么随着经济发展，用大茶缸闷泡的饮茶方式让位于多次短时冲泡？那是因为长时闷泡，茶多酚和咖啡因一次性大量溶于水，苦涩过重，口感并不舒服。分成多次，就好多了。

用开水冲泡散茶的方式，是明以来的主流方式。明代也有人吹这个是史上最牛的方法，但是这个只能听听而已，这个很大程度上是因为太祖爷要求的。实际上，老百姓可以接受，贵族不一定认同。

为什么？

因为这种冲泡对茶本身体验的力度和层次感还远远不够，茶当然是可以食用的，你光泡水喝，体验是大打折扣的。

我们回过头来看茶水并食的唐代，茶是往开水里投放，煮好后分而食之。这个煮出来的，比泡出来的要丰富一些，但是肯定苦涩也要重一些。怎么办？

两个办法：一个是减少投茶量，我们现在煮茶往往是泡过之后比较淡了再煮，如果直接煮就一定是加的量很少，要不然，煮出来的茶就没法喝了。陆羽也采取了这个办法，投茶量和水的比率来说，还是比较少的。

第二个，陆羽加了点盐，盐可以平衡苦涩，增加汤感的润滑。但是对香气，尤其是清扬之香，只会减分，不会加分。

这样我们达到了茶和水共食的体验，比单单体验泡出来的茶水进了一步，但苦涩只是部分的解决，而且体验还远不够极致。

那么问题来了，如果我不仅要避免苦涩，还想完整体验茶的丰富性，而且要力度很大的体验，怎么办？

这个要求有点为难，难以兼得，甚至可以说根本是矛盾的，但是对于宋人来说，是可以达到的。

宋人是怎么做到的？

先说一点，做到，一定是有代价的。

什么叫代价，就是从采摘、加工、存放到最终点茶，每一步都是要花工夫的，且不是一点功夫。而且，还要不怕浪费，这个没有经济支持是不行的。

总的来说，宋人的做法是采集大量优质茶芽，经过多道工序去掉苦涩物质，并逐渐优化，最后将这反复锤炼的精华调和出极致的口感。

在此，大致说一下苦涩物质怎么去。我们知道宋茶是蒸青，但是和现在日本抹茶的蒸青不一样，也和唐代的蒸青不一样。

陆羽在《茶经》里讲蒸青是“畏流其膏”，就是蒸的过程中，要保证内涵物质不要流失。但是对于宋人来说，这并无必要，流失就流失呗，你多来点茶芽不就行了。不要忘了，宋人可是点茶，这个茶和水的比例要比陆羽的煎茶高得多了。那对去除苦涩物质的要求也大大提高了。

总的来说，宋人在蒸茶之后，还要压榨（压黄），这里面还分“大榨”“小榨”“翻榨”，榨来榨去，基本上要把“膏”差不多快榨干了。这样苦涩是去了，但是损失也还是蛮大的。

对于宋人来说，这是可接受的，因为可以用高品级采摘、靠量大来弥补。宋人考虑的不是内涵物质是否流失，而是口感的巅峰体验，因为怕浪费就凑合一下？那就不是贵族玩法了。

之前讲过，日本保留的抹茶道和宋人的点茶不是一回事儿，其实是元明以后残留的茶法。一个很重要的差别，就是这个“榨膏”的过程，以日本历史上之物产国力，能喝到茶已属不易，哪能浪费，这么玩是根本不可能的。

所以当你喝到满是泡沫的海苔味菜汤味的日本抹茶，千万不要以为宋茶就是这个样子，差太多了。没有贬低日本抹茶的意思，但是两者从玩法到文化，不是一回事。

采茶的秘密

谈到宋茶，还需要补充两点。

第一，宋茶也是多种传统并存的，除了点茶之外，当然还有煎茶。这背后就是我们说的源远流长的“草茶”传统。除了这个还有一些像荆渝、蜀地等民间的传统。我们聚焦于高端茶，尤其是贡茶，主要是看古人达到一个什么高度，带来什么启发。实际上宋人在煎茶上也有很多过人之见，这个看黄山谷的《煎茶赋》就能知其大概。

第二，宋茶并不是凭空出现的。我们探讨茶文化也好，香文化也好，比较容易忽视的一个时代是南唐。实际上南唐对中国文化的贡献可能超出很多人的想象。所谓南唐二主李璟、李煜父子，那都是相当风雅的人物，这一小段时间也有很多文化上的创造。

我们说的点茶和蜡茶传统，从加工工艺到玩法儿，在唐末和闽国时期就已经出现，南唐就已经成形了，只不过宋代推到了极致。包括常提起的高级玩法儿茶百戏，实际上记载的也是南唐。

我们开始说说工艺。

千夫雷动撷银芽

说工艺就要先提到采摘，关于宋茶的采摘，很多人会困惑，和现在的方式完全不同，甚至要求完全相反。这就需要我们一点点来解密了，先分成三个问题来解惑，最后再看发展到极致会达到什么效果。

第一个是采摘的季节。

顶级宋茶的采摘有点早，早到什么时候呢？头采最早的记载是惊蛰前后，根据年份不同，有的早至惊蛰前十日，晚一点的到惊蛰后五日。惊蛰是什么概念，2017年的惊蛰晚一点，是二月初八，2016年是正月二十七，2015年是正月十六。我们取个平均来说，正月下旬已经开采了。

茶的品级不同，采的时间也不同，再晚一点就是社前，也就是春社前。春社在农耕时代，尤其宋代，是个重要节日，指的是立春后第五个戊日。也就是立春后四十多天的样子，大概是在农历二月初，或者说春分前后。这个就现在来说，也是很早了。

那么再晚一点，就是明前了，因为清明古时也叫寒食，需要禁火、然后改火，所以明前当时叫火前。这个就现在来说是早春，在宋代来说，就算比较晚了。

再晚一点，就是谷雨，雨前。按明代许次纾《茶疏》来说："清明太早，立夏太迟，谷雨前后，其时适中。"谷雨茶，挺好啊。但是按南宋《建安志》的说法，谷雨茶已经"老而味重"，属于很下等的茶了。

为什么有这样的差异呢？除了地域差异（浙江与福建）和气候差异（宋与明代），更主要是玩法儿的差异。

去年开始茗寿堂做了一款茶——“玉露凝香”，这个茶很有意思，采摘时间就是正月下旬，和宋茶一样。如果晚一点，像普通野生普洱茶那样去加工，味道大不相同。

从这里我们可以看出，宋人的玩法和明代以降的玩法不同，所谓玩法是从采摘加工存储到表现的一整套东西，单独拿出一个来比较，说不清楚。

同样说是芽茶，正月下旬的和明前的芽头，完全是两个概念。同理，所谓一旗一枪，在不同采摘节点，也不是一回事儿。早期的芽头有一种特殊的香甜，这个是很多人所不了解的，当然选择品种和工艺，把这种感觉呈现出来，也十分重要。

许次纾一生未仕，代表的是一般大众的品味，所以他对宋人的很多做法都不太理解，这个我们后面还要慢慢提到。普通老百姓看看肯德基广告觉得有食欲，那讲究的可能看了以后会觉得恶心，没办法，差异太大了。

为什么宋人的做法后来式微了呢？因为代价太大，很难延续。

第二个是采摘的时间点。

我们现在一般的采茶，都是等太阳出来露水散了再采；即使早采，也还是要摊晾、萎凋，等叶表的水分干掉。当然，带着露水的茶虽然也可以晾干，但是效果并不好。

我们看宋人采茶叫作“必以晨兴，不以日出”（《东溪试茶录》），一定要赶在太阳出来之前。这又是什么原因？

最根本的还是那句话，玩法不一样。现在无论什么茶类，基本都是炒青，还有烘和晒。这是什么呢？这是火与茶的碰撞。

宋代的工艺，首先来说是蒸青，之后压榨也好，研膏也好，甚至包括烘茶都离不开水，这其实是水与茶的交融。

对于火来说，叶表的水分是大忌，会影响杀青茶叶失水的过程；对于水来说，这恰恰是保留嫩芽特质的屏障。对于顶级茶，不仅要带露采，甚至要一人带一个水罐，采下来直接投放在水里！

而这背后，也是早春嫩芽和普通茶叶内涵物质的差异。早春的嫩芽比现在所谓的明前芽茶来说，更加娇嫩，如果没有水的保护，即便太阳晒晒，也会受到损伤，所以宋代采茶是需要避免艳阳高照的天气的。《大观茶论》“见日则止”就是这个道理。

第三个是采摘的方式。

我们一般采茶，最基本的一条，不能用指甲掐，要借势在芽叶抽发的地方提一下，这样采下来的茶，叶梗没有破损，不会被氧化，炒出来好看。

宋代人怎么说呢？“必以甲，不以指”。这又是和现在完全相反。为什么呢？《东溪试茶录》讲得很清楚“以甲则速断不柔，以指则多温易损”。他考虑的是手指的温度，以及摘的过程对芽叶的损坏。

这说明什么？第一个是他采得芽太娇嫩了，娇嫩得几乎不能碰。温度稍微高一点也不行，当然这指的是蒸青之前，蒸青之后还是要压的。第二个，他不怕叶梗掐断的地方破损氧化，因为茶青是全程在水的。

当然还有一点支持这个看法，那就是茶没有萎凋过程，也没有中间的干燥过程。采来就蒸，蒸了就压，压了就研。那关于掐断的顾虑就完全不存在了。

千钧一发

我们大概了解了一下采摘，我们还要问一个问题，这样的采摘是否容易？当然，相当不容易，因为产出效率太低。但是这种嫩芽发育的时间节点很短，没有留太多时间。那怎么办？只能靠人工来弥补。说得夸张一点，采茶时是千夫雷动，从具体的数据来看，也至少要有两百多人同时采才有可能实现。

精挑细选

那么采好了，可以开始杀青了吗？还不行，因为这些茶芽还不合格，必须要经过拣选过程。这个拣选过程有的在蒸青前，有的在蒸青后。

拣选什么呢？光是嫩芽还不够，有的嫩芽虽然看起来也很好很嫩，但是是两个小叶合抱，这种其实并不是真正的芽头，称为“白合”。还有的看起来是白白的芽头，但是其实是抱生的叶子，称为“盗叶”。这些看起来也很小，但是已经老了，

宋　佚名　白莲社图卷（局部）

不能要了。

现在普洱茶里面说的黄片，真正的黄片并不是特别老的大叶子，那个压根就不应该采！而是叶子本来很小，但是已经老了，采的时候不注意，看不出来，但是杀青出来就很明显了。这里面的白合、盗叶，原理类似，但这些是在萌芽早期的，还不一样，还要小得多。

还有芽孢出来的地方的蒂头，称为“乌蒂”，这个对于芽孢来说常见，实际上也是老了的小叶，长不大而已，也一定要剔除。把这些都筛选出来之后，是不是可以了？

应该说，对于一般的好茶可以了，对于顶级的贡茶，还不行。

在大宋来说，顶级的两种茶一个叫“龙园胜雪”，这个其实是龙团升级好几次的版本，牛在等级和工艺。还有一个称“白茶”，这个和现在的白茶完全不是一回事儿，牛在品种。对于这样的顶级贡茶，拣选还不够。

需要初步蒸熟之后，把这些芽再投在水里。然后用银器把其中里面最嫩的精英剔出来。这是个啥东西呢？

勉强来说，有点像熟茶里面的宫廷普洱的那个状态，比芽头要细小。因为一般的茶这个里面的小嫩芽没法单独做，宫廷普洱是发酵后分离出来，我们才能看个大概。但是有两点，一是市场上的宫廷往往达不到宫廷级。第二个，这个小芽实际上比宫廷普洱还要嫩得多，因为采摘的时间不一样，要早得多。这里只是帮助理解，做个类比。

为啥要先蒸再剔呢？因为直接蒸这个太嫩了，没法控制，不能直接蒸。这个还是有点像熟普，必须先渥堆再分级，要不然宫廷的嫩芽直接渥堆，缺乏保护，早就烧掉费了。

把这个比宫廷还要宫廷的东西剔出来，要放在水盆里，这叫水芽。这个可以说叫顶级贡茶了。难得吧，太难得。别说这东西多难得，单单这工费就是每饼三万（《西溪丛语》），按现在来说大概也是人民币一万多。这一饼是多大啊，一般来说小龙团级别的都不到一两，从《宣和北苑贡茶录》来看，这个比小龙团还要小。

请注意，这里说的是加工费，不是市价。要问市价？我们有时间可以详细讨论，先说结论，三十二万一公斤的老班章和这比真是弱爆了，宋人的顶级贡茶，光加工费都不止这个数。不说龙园胜雪这种极品中的极品，就是早期最初级的小龙团，秒杀现在顶级茶，跟玩儿似的。

不同的采摘节点，不同的老嫩程度和等级，不只意味着价格差异，其实有不同的用途。这里面大略可以分水芽、小芽、中芽。早期又分为斗品和拣芽、茶芽。斗品又分斗和亚斗。这里就不详细展开了。

高高山顶立

这世界上有些东西是不断迭代进化的，比如你的手机。你可以通过显而易见的参数来衡量。

但是大多数情况，没那么简单。在喝茶这件事上，很难评价是发展了，还是退化了。但是我们仍然可以从两个方面来分析一下。

第一个，我们看文化的一种角度，是看是不是丰富多元。从这个角度看，宋代和现代的茶文化都还是相对多元的。宋代有多种不同的玩法，这个我们提到过。现代也有明代以来的泡茶，还有街边的奶茶饮品，超市的瓶装饮料，以及把抹茶加入食物的做法，也可以算是多元，这都是相对发展的表现。

第二个，如果我们要看茶文化的高度，就要看对茶的理解。这方面我们来检视一下现代社会的“多元”。明代以来的泡茶就不说了，我们看看其他做法。

街边的茶饮店，无论是原来的台湾奶茶，还是现在加奶盖的这些茶饮，其实本质上都是模仿咖啡的玩法儿，这当然也是一种创新方式。我们时常可以看到一波又一波的新品牌出现，可是大家发现没有，这里面没法产生星巴克，甚至也没法像咖啡那样进入日常生活，只能定位于街边快速消费，如走马灯一样轮换，为什么？

这不单单是商业模式的问题，更根本是产品本身的问题，换句话说，这些模仿咖啡的茶饮方式对茶的理解不够。茶是一种十分独特的饮品，和咖啡可可大不相同，完全的移植咖啡做法，能带来一时口感的新鲜，但底蕴不够，无法长久。

茶的本质是什么，和奶，和糖的关系是什么？这个问题并不简单，我们看藏地街边的甜茶店能开几十年甚至上百年，印度街边的Masala Tea，推个平板车就可以出摊，一样可以干一辈子，这是因为他们对茶和奶和糖的理解到位了，和当地的文化融合了。而反观现代街边的奶茶创新，说实话偶尔尝试可以，长期我宁愿喝咖啡或者热巧克力。

理解上不到位，看似创新，那是不稳固的。

至于瓶装饮料，这个属于另一个范畴，通过加点防腐剂和香精来营造一个稳定的口感，当然没问题，但是很快就会看见天花板。剧烈运动之后，大口豪饮可以。碰到我这学院派，三口两口就被柠檬酸搞倒了胃口，更不要说茶本身的粗糙了。

抹茶粉入点心，这个是典型的提炼加混合的现代思维，是另一个范畴，也不多说了。

我们并不是说以上这些不好，不同范畴很难说好坏，而是看对茶的理解到了一个什么层面，如果理解深入了，那即便是瓶装饮料甚至提炼的东西，都会比现在上几个档次。

从这一点来看，我们不能说宋茶尽善尽美，但至少高度上完胜后来的茶饮。

茶的本质是什么？

这个很难回答，我试着来剖析。

茶是一片树叶，树叶有两面，一面光亮一面绒毛，完全不同，这可以看作阴阳。从滋味来说，有香甜，有苦涩：这是茶的一对核心的元素，这也是阴阳。

阴阳的关系我们不谈玄妙的，但是香甜苦涩这对儿核心元素，怎么理解，怎么面对，是茶的本质问题，谁也绕不开。当然香甜苦涩只是初级的大致的分，当你真正明白阴阳之后，可以从这里面跳出去看。

所谓六大茶类也好，不同的玩法儿也好，如果我们放到这对阴阳关系里看，豁然开朗！

苦涩从滋味属性里看，属阴，阴并不一定不好，如果是正南方的人，可能火太旺，需要这个苦涩滋味。所以老班章老曼娥由广东人推广出来，并不奇怪。

相对来说，北方人就不那么喜欢苦涩，而喜欢香甜，也可以从这个阴阳关系里看。

但是苦涩这个阴，在新的普洱生茶这种表现方式，并不是唯一的，而且太直白了一点。这个阴可以通过工艺来让她蕴藏起来，这就有味道了。

我们喝乌龙，无论是岩茶也好，单枞也好，可以说都是香气很浓郁的茶，我们除了品香气，还要看阴阳之间的关系。什么叫岩骨花香，仅仅浮香是不够的，我们要感受到这种张力，才是最好。这个没办法，人心就是这个习惯。

阴和阳不是死的啊，也是相互转化的。普洱茶的老茶，苦涩褪去，香甜出来，为什么就有所谓的“茶气”？甚至让人发热渗汗，同样我们可以从阴阳转化的关系中来理解。

可能又要有人来科普了，这个我支持，但我也同样支持一些传统的概念。怎么说？简单可用。科学研究的方法，要求精确，但是茶叶内涵物质太过复杂，究竟是哪个分子起作用，还是哪种分子和哪种分子的反应起作用，或者是哪几种分子协同作用，又或者在什么条件下起作用，实在是不容易回答清楚。我们用一些传统概念，如果你觉得符合你的经验，那作为一种解释体系，也可以去操作和品味。

传统上除了阴阳，还有五行的概念，这个更复杂一些，同时模糊或者说鱼龙混杂的东西就更多一些。我们还是尽量简化。

前面说了，唐宋的蒸青是水与茶的交融，后面的炒青是火与茶的碰撞。这是说大略。其实蒸青的水本身带着火，因为含着热力；炒青的火也必然要碰到水，锅里才会噼啪作响，关键看怎么处理好这个关系。

一个茶入口之后，你先忘却所谓的六大茶类，能不能喝出水与火？完全可以。

凡是炒过的茶，多少都会有一种火气，高手会比较含蓄，但是不可能完全没有。这个可以慢慢地转化，不仅绿茶如此，普洱茶如此，岩茶也如此。当然白茶就基本没有了，这是白茶的特质，当然完全不过火（现在很多还是要微烘一下），茶本身的阴性藏了起来，而且是完全没有经过历练的藏，水火未济，这个更危险，需要时间来转化。

时间是个神奇的东西，开始突兀的东西，不和谐的东西，可以用时间，或者本质上说天地之间大的运行来转化。

再问一句，同样是火，太阳晒的味道和烘的味道能不能喝出来，当然也可以。这样喝茶，就有意思了，要不然你老是被六大茶类的概念框住，有些茶还不知道往哪里放，那就没意思了。

那蒸青呢？蒸青本身没有火气，但是有水气，最后还是要靠火来干燥，这里面每一步都要看你对茶的理解到了什么程度，这样才能做出好茶。

有火气的茶，等不了那么多时间，通过水能不能改造？能，熟茶其实就是用水来让火释放，但是处理好水火关系很重要，因为水火是相克的，稍有马虎，水一大就泡汤了，火一大烧了也完蛋了，我们说做熟茶要水火既济，小火慢炖，都是在讲如何让这个关系和谐。

人间谁敢更争妍

接着讲宋茶，借用苏轼一句词："人间谁敢更争妍。"

这句话放在宋茶，尤其是顶级宋茶身上，是恰当的。不仅在那个时候是这样，从整个茶的历史来看，也不为过。即使现在茶饮料的创新也不算少，但是基本上都是层次比较低的，只有形式上的创新，没有灵魂，没有进入到核心问题。

什么叫核心问题，是看你对茶的理解。这一定是从生长、采摘到加工的一个过程，一个完整的理解，不是单独的一个点，更不是单纯的表现形式。

古人的东西不是不能学，也不是完全不能达到和超越，那样太神秘化了。但是首先你要明白古人的境界在哪里，要是被进化发展之类的词儿洗了脑，盲目自大，那就一点机会都没有了。

在继续讲工艺之前，我们再问一个重要的问题，一款好茶是由什么因素决定的？

无论什么茶，无外乎三个方面：原料、工艺、存储。

原料我们只谈了采摘，其实忽略了一个十分重要的问题，什么？

茶树！

陆羽《茶经》不第建品，不讲建州茶，是因为不了解。那宋代为什么建州茶异军突起，迅速超越江浙一带的茶品，也击败了盛产仙茶的巴蜀，这是有原因的。

为什么？工艺哪里都可以复制，但是茶树不一样。

所有宋代茶树都讲建州茶尤其北苑壑源等地的茶，茶质特别的好。陆羽讲的那些茶，蒸青的时候怕物质流失太多，建茶恰恰相反，不怕流失，还怕你流不干净。所谓：

“江茶畏流其膏，建茶唯恐其膏之不尽。”（赵汝砺《北苑别录》）

黄儒《品茶要录》的《后论》里面也是同样的观点。那建茶凭什么这么厉害呢？我们来看看当时的大科学家怎么说：

“建茶皆乔木，吴、蜀、淮南唯丛茭而已。”（沈括《梦溪笔谈》）

什么意思？建茶都是大树茶，其他那些都是灌木。这个是真的吗？

答案是肯定的。梅尧臣说得更明确：

“建溪茗株成大树，颇殊楚越所种茶。”

这个和当时长江中游、长江下游的茶都不太一样，是大树。那这个大树有多大呢？庄绰《鸡肋编》里面说是“丈余”，实际上早在五代十国时期闽国的皇宫里的名茶就叫“清人树”。

大树茶为什么这么牛呢？做普洱的应该都知道，无可争议。很多人硬要说台地茶好，还摆出一些数据。不管数据怎么来的，但是茶喝下去就知道了，骗不了人啊。如果是玩台地，也可以，那就要在生态上下工夫，在工艺上搞创新，也可以有所作为；这些方面一点工夫不下，靠胡说八道蒙事，就不地道了。

为什么建茶是大树茶？为什么后来建茶衰落？原来的大树到哪里去了？这些只能推测，有机会再详细探讨，一言以蔽之，风水轮流转吧。我们再看工艺。

蒸青

采摘和拣选之后，我们进入杀青的阶段。什么叫杀青？

这个词最早是指古代写东西的竹简在火上烤烤，性质就稳定了，能防止虫蛀。那后面也指一个著作写定了，不再改了。我们现在娱乐业发达，最常见的说法就是电影杀青了。

电影杀青是拍摄结束了，当然还有后期制作，但是素材就是这样了。茶也是一样，杀青十分重要，虽然后面还有工艺，但是这个原料在这一步已经定型了。

杀青有几种，炒青，蒸青，烘青，晒青，还有通过其他方式比如辐射的，所有方式有一个共性：通过高温破坏或者钝化酶的活性，达到某种程度的稳定。

蒸青和其他方式不同在于，是在和水打交道。宋茶有意思的地方在于，它不断地和水和火在互动。它不像今天的炒青，采摘下来之后，就是和火在互动，也不是今天的蒸青，蒸完之后就是干燥了，它是一个不断互动的过程。

备茶图　河北宣化辽代张匡正墓壁画

蒸青当然也是讲究火候，不能不熟，也不能过熟。过熟颜色发黄，味道会淡，而且胶质流失，后面不好压饼。不熟色青味烈，但是有草木之气，而且容易沉。这个是技术细节，不细说。但是我们看一个技术，关键还要看目的是什么，这个很重要。我们今天探讨技术往往忽略了这一点。

黄儒《品茶要录》里面就说，如果是斗茶，就可以杀得稍微轻一点，这样点出来颜色上漂亮。如果单纯从入口来说，他喜欢偏熟一点的，这样味道更甘醇一些。这个就比较客观了。

我们今天看乌龙也好，普洱茶也好，工艺一定要看你想怎么用这个茶，是马上喝？还是放一放？是针对什么样的人群和特质？这个决定了你的手法。

蒸青是唐代以来的工艺，宋代继承了，只不过根据建茶的特点，有所创新。我们今天，无论是中国少数几个蒸青品种还是日本蒸青，和那个时候，还是有所差异，这个大家要了解。

接下来是“榨茶”。

榨茶

榨茶不能直接在高温上榨，那就一下子变糊糊了。需要先用冷水淋洗几次，然后再压榨，换句话说，是冷榨。这个很关键，我们现在做茶膏也是这样，冷榨和热榨完全不同。

《北苑别录》讲：要先入小榨，这个榨的程度较轻，是为了去水分。然后再入大榨，大榨的时候要包上布，再用竹皮扎好，这个是去膏。到了半夜取出来揉匀了，再榨一遍，这个是翻榨。为啥一次不行要搞好几次呢，这个你想一下，不难明了，不详细讲了。

那我们还要问，压榨仅仅是像古人说的，为了去膏吗？

一部分是，因为要去除苦涩物质，保证茶的口感。但不尽然，因为你其实破坏了一部分细胞壁，而活性物质未必全部丧失，那化学反应一定会有，这就有意思了。

榨茶有个问题，如果茶榨得比较干，那表面就没那么光鲜润泽，有的人就让面上的茶榨得不那么干，这样看起来卖相好，但口感会苦，这在鉴别的时候，都需要小心。

从这里我们还能看出榨茶确实是为了去除苦涩物质，达到最佳的口感。这个和现在做茶的思路不太一样。现在虽然也希望不要太苦涩，一般不会用这种方式，浪费太大。但是我们前面讲过，宋茶需要把精华提炼出来，达到瞬间的口感爆发，所以必须要这样。

接下来是研茶。

研茶

明代以来的茶有一个特点，就是不管哪个茶类，加工过程都要基本保持叶子的完整。这个有人说是进步，那是胡扯，因为最早巴渝老百姓喝茶都是保持叶子完整的，这个应该说是一个古老的传统，民间一直都没有中断过。只能说是一个特点，没法说高低，但是有一点，我们不能永远局限在这里。

什么叫局限呢？欧洲人喝红茶，不讲叶子完整，所以有红碎茶，并且引导了世界的红茶标准。这个可以快速浸出内涵物质，缩短操作时间，增加体验时间，不失为一个思路。而如果我们从宋茶的角度来看，这个还是比较初级的，无论是先切还是后切，缺少充分的互动。

在加工的过程中就有破碎的过程，这样就不仅仅是浸出速度的问题，还有化学反应的问题。而且这个破碎也不是我们用粉碎机一下子完成就行了，还是要全程带水的，而且不是一次性加完，是要边加边研的。

上等茶要加十六次水，一天一个精壮的工人也只能做一小团。即使一般的贡茶，一天也只能做几团而已，这个比较费工夫。

为什么我们说见地决定了品质呢？我们现在对茶的处理往往是极端的方式，要么就是保持叶型的完整，要么就是切碎，或者干脆搞成抹茶粉。但是这两个点中间是有很大空间的，可操作的东西非常多。天天讲创新，但其实我们的思路被局限了。

我们当然可以考虑用机器来解决，但前提是你要理解这个东西内在的逻辑。不是说简单地达到同样的破碎度或者含水率就行了。

宋朝人的口感整体上是比较细腻的，所以前面讲“色味皆重”成了贬义词，这种细腻的口感来说，在工艺上和水打交道就比较多。我们现在，甚至包括所谓的蒸青，工艺和水打交道的并不多，这个某种程度上也是局限，会错过很多东西。

造茶

研好的茶，再经过“荡”“揉”这些步骤，就可以进入模具成型了，这个也叫“造茶”。这个说道就太多了，大家可以看《宣和北苑贡茶录》《北苑别录》，这两本茶书讲得比较详细。总而言之，是越做越精。

北宋初年太宗的时候，造的是大龙团，有的人说是丁谓搞的，这个不符合实际，不过咸平年间丁谓进行了品质提升，并记载在他的书里，这是不错的。

后来庆历（仁宗）年间蔡君谟造小龙团，又把极品贡茶向前推动了一大步。这个茶极其的贵重，欧阳修在《归田录》中说贵逾黄金，而且还没地方买去。小团一出，大团就显得一般了。

元丰（一说熙宁）（神宗）年间，又开发了“密云龙”，这个在小龙团的基础上又进一步提升，云纹更加细密，工艺更加精湛。

再到哲宗朝绍圣年间，开始造“瑞云翔龙”，这个可以说把北苑茶推向极致了。一年最多十来饼，有的时候还不到十饼。要知道，这一饼比现在的饼小多了，一般都是不到一两。极为珍贵。皇上喝都费劲，不要说别人了。

这个到头了吗？没有啊，第一大玩家宋徽宗还没出场呢。

《大观茶论》里面提到一种极珍贵的茶是“白茶”，这个和今天的白茶没啥关系，无论福鼎的还是政和的。这个茶究竟怎么好？说不太清楚。很大程度和稀有程度有关，多稀有呢，原来有一户家的白茶可以做五七饼五铢钱那么大的茶饼，到后来这棵茶树遭人嫉妒，被给弄枯了，好在还没完全死，有一枝还活着，但那只能做一个铜钱饼了。

宋人看自然界的一株植物和我们不一样，是有灵性的，甚至是有丰富象征意义的，这个白茶不是人工培育的，是偶然间不知道怎么变种了，杂交了还是基因突变了，突然就出现了。那这某种程度上代表了一种祥瑞，《东溪试茶录》说“建人以为茶瑞”。祥瑞通于上天，这个又和宋代皇室道家思想有关，那就非常有意思了，我们不讲那么多。

除了这个白茶，徽宗年间还有三色细芽、试新銙、贡新銙、玉圭等等。这个三色细芽一出，瑞云翔龙又显得低了一等了。当然最顶级的还是我们前面提到的，用“水芽”精制的龙园胜雪。基本上玩到宋徽宗这里，才算是极致了。

百炼始现端倪

我们之前提到一个说法，宋茶对阴阳关系的理解，是后人所没有达到的。这句话怎么解?

我们现在所有的制茶技术，不管哪个茶类，最后茶都是干燥，无外乎烘或炒或晒或阴干，这个当然没有问题，如果不够干燥，茶叶根本无法保存。

问题在于，这里面茶的阴阳关系是不是和谐。干是干燥了，可能会带一点火的感觉，当然放一放，火气会褪去，但是内在来说，还没达到理想。

不仅红茶、乌龙、绿茶是这样，白茶也是如此，表面上看有寒燥之别，内在来说，是不是真正完全理顺了，还值得探讨。

普洱茶是个特例，她保留了较多的水分和活性物质，她要通过时间来理顺这个关系，老茶就成了不可替代的人间极品。同样的，老白茶、老乌龙也有类似的感觉。

我们看看宋茶又做了哪些工作?

前面我们讲了蒸青、榨茶、研茶、造茶，茶都造好了，那就干燥一下就行了，但是宋人的干燥和后来大不相同。

这个步骤叫“过黄”。

过黄是怎么操作呢？先要用烈火焙，然后用沸水蒸气来熏。我们看《北苑别录》里面讲:

“初入烈火焙之，次过沸汤爁之。”

这个“爁”用的很有意思，爁本来是指火烤，这里面用开水来“烤”，那指的不是蒸，更不是煮，而是像烤火那样，用蒸汽来熏。这样的工序要重复好几次。

那这个就有意思了，干燥完了不就行了？还用蒸汽熏，熏完了再焙，焙完了再熏，这是搞什么呢?

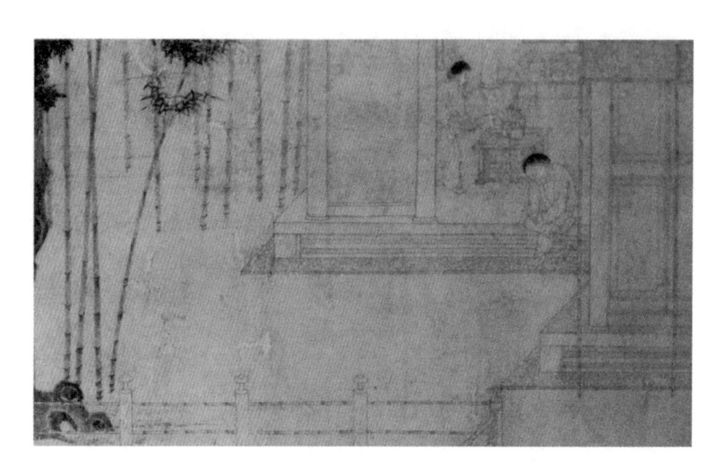

宋　佚名　商山四皓会昌九老图（局部）

这类工艺现在有没有？有点类似的是普洱茶的压饼，压饼是要过蒸汽的。散茶和饼茶差别在哪里，不仅仅是形态差别，还有就是一蒸，一干燥，这两个工序。

现在的普洱茶都尽量避免蒸过度，就是简单用蒸汽过一下，叶子软了就可以压饼了。因为现在的人注重叶底，你要是蒸大了，叶底就烂了。那有人就说，哦，是化肥农药，台地茶。

这里透露个秘密，其实那些用叶底拉丝的方法来证明古树的，更不靠谱，很多化肥上多了的拉丝更多，古树的特质是在柔韧，而不是纤维素多。尤其是鲜叶，一上手就知道了。

这也可以看出，很多人都是只知其一，不知其二，很多流传的标准也都没有科学依据。

那在宋茶，本来就是研过的茶，根本不需要看叶底，也压根没有叶底，都喝啦，所以不用考虑这一点。于是就可以反复来操作这个过程。这里面茶会发生内在的变化。

具体是怎样的反应，我们还不得而知，但是这个水与火的反复锤炼，的确是其他工艺所没有的。我们只能借助普洱茶来理解，蒸压过的茶，包括过去有加水筑茶这样的操作，的确不太一样。当然这个力度远远没有宋茶那么大。

一次性的烤焦，蒸烂和反复的锤炼当然不同，这也就是我说的，现代人思维过于线性，一下子看到结果，反而成为局限。这背后是对阴阳关系的理解不同。

我们再举一个例子，有人说九蒸九晒黑芝麻是骗局，蒸一次晒一次，蒸透了，晒透了不就行了，营养物质都一样嘛。

这样的人，主要不是传统文化修养不够，而是智商不够。

九蒸九晒不是光看最后干燥程度就行了，这两个过程中发生的物理和化学反应不同。再一个，不是光看营养物质流不流失，还要看人体的接受和吸收程度。如果我们真要用现代科学研究这个问题，那涉及的实验参数是非常复杂的，并不是想当然拍个脑袋就能下结论。

我们还是回到古代的话语系统来看这个问题，古代的话语系统不一定准确，也不一定吻合现代的科学体系，但是在很多情景下更形象和更有效，只要我们留点心眼，尽量理解核心的精神，别盲目迷信、也别钻牛角尖就行了。

从中医的角度来看，这个过程和九蒸九晒类似，叫水火锻炼，氤氲运化。什么意思呢？蒸是在补阴，烤是在补阳，这个不是吃东西那个补，而是通过阴阳的力量不断作用来运化，达到一个平衡。茶的内在平衡了，与人的关系也就和谐了。

当然，这也需要掌握一个方法和度，宋茶大家现在喝不到，我们还拿芝麻做例子，好的九蒸九晒的芝麻，吃起来舒服，不光是口感舒服，而是肠胃和身体舒服，当然市场上很多所谓九蒸九晒的芝麻就没那么舒服了。这个就是不同人，不同工艺的差别。传统文化这点比较麻烦，不太容易标准化，也不太容易商业化。话说好的九蒸九晒，真的不会太便宜，你得考虑别人的工钱。很多对传统的误解也在这里，你在某宝花和买芝麻差不多的钱买九蒸九晒，那个能行吗?

那宋人不用考虑这些，因为是皇家茶苑，不计工本，而且必有高人指点。前面说过，什么老班章三十二万，顶级宋茶的工费都不止这个数。这样才敢说是巅峰。你要是自己随便弄弄，还真不敢妄加评论。

之后再用温火来烘一下，这是最后的干燥。这个现在控制比古人容易多了，烘房温度设定好就行了。古人要控制火温，不能有火焰，也不能有烟，温度不高不低，这个就不太容易。要用较低的温度长时间的来烘才会好，这个当时只有皇家操作的比较到位，民间水平就参差不齐了。

之后还有一个奇怪的工序，就是等茶烘的差不多了，用热水再刷一道，然后到一个密室，用扇子使劲扇。这是为啥?主要是为了好看，表面更有光泽。这个皇家就是这么矫情，光好喝还不行，视觉需求也重要。

这个工序的道理是什么？不详细探讨了，不过我们知道和普通的风干，自然阴干都不一样，就可以了。

那制茶的工作就完成了，是不是可以喝了，也可以，但是我们不一定马上喝，那就需要考虑存茶。存茶不是你想的那么简单，能存好茶的人，必然懂茶性，是真正的高手。

不关风月只存真

我们今天把茶看成是快速消费品，对茶的存放不太重视。即便是老普洱茶、老白茶已经价格相当不菲，可是究竟怎样存茶，还是众说纷纭，莫衷一是。这是个很奇怪的现象。

我们说存茶存的怎么样，还是看你的见地在哪里。茶叶的存储，我们可以说“存茶”，我们现在大部分也是这样说，存储、存放等。这说明我们的理解是把茶放在那里保存，不要变质了。

我们也可以说“藏茶”，这个对茶的看法又不一样了，我们希望她的精华不要流失了，所以用一个“藏”字，有一个蕴含的意味。

我们还可以说“养茶”，这个就又上了一个台阶，那茶是一个有生命的东西，我们要看她自身的变化，而不仅仅是保守地留住原来的东西。

其实，普洱茶应该算是养茶，而不是藏茶，这个字搞清楚了，你对普洱茶的理解就不一样了。

我们还是说宋茶，宋茶原则上是“藏”，因为基本工作都在加工工艺里做过了，这个是宋茶的一个特质。也有一小部分“养”，我们一一来谈。谈之前，我们还是要看看宋之前的传统。

中国现存最早的藏茶器据说是这个。

湖州博物馆藏　四系印纹“茶”字青瓷罍

一个写着“茶”字的青瓷罐，这个是汉末三国的东西。看起来这个东西应该是吊起来的，这倒是符合藏茶的原理。早期茶器的实物非常少，具体情况不是很清晰，东汉四系罐类似这个的也有一些，但是既然这个东西写了“茶”字，专家还是认为是藏茶的，所以定为国家一级文物。

从《茶经》和其他文献我们可以知道，唐代藏茶最主要是纸和丝织品，《茶经》里面提过用厚的剡藤纸来装刚炙过的茶，或者烤的时候就装在纸袋里，那平时也有用纸来装茶的。

卢仝《走笔谢孟谏议寄新茶》大家比较熟悉：“白绢斜

封三道印”，这个就是用绢了。不管是纸，还是丝织品，如果是送人，那还要封题。杨嗣复《谢寄新茶》：“石上生芽二月中，蒙山顾渚莫争雄。封题寄与杨司马，应为前衔是相公。”

除此之外，唐代还有茶笼，法门寺出土的这个是银的。

法门寺出土　金银丝结条笼子

这个其实是属于外包装了，有点像现在装一桶普洱茶七子饼的东西，所以专家也认为装的是饼茶。但是装茶的时候里面应该有绢或者别的东西垫着。这是皇家的东西，老百姓用不上。

除此之外，讲究的还可以用合（盒），这个可能是装茶粉，也可能装茶饼。

卢纶《新茶咏寄上西川相公二十三舅、大夫二十二舅》诗：“三献蓬莱始一尝，日调金鼎阅芳香。贮之玉合才半饼，寄与阿连题数行。”这个用的是玉合（盒），没那么大，只能装半饼了。贵重的茶合（盒），除了玉合（盒），也还可以用金银器，而且这个玉合也未必是玉，也可以是如玉的瓷器。

那如果相对普通一点，也可以用陶器。韩琬《御史台记》“茶必市蜀之佳者，贮于陶器，以防暑湿。御史躬亲监启，故谓之御史台茶瓶。”

诗僧齐己有“高人爱惜藏岩里，白甀封题寄火前”的句子，这个说的也是陶罐，和诗的格调比较搭，有山野气息。

宋代延续了唐代的传统，但是也有变化在里面。比较重要的是大量的使用蒻叶。蔡襄《茶录》：“茶宜蒻叶而畏香药，喜温燥而忌湿冷。故收藏之家以蒻叶封裹入焙中，两三日一次，用火常如人体温，以御湿润。若火多，则茶焦不可食。”

这里面说的是用蒻叶包裹来焙火，其实平时很多茶也是用蒻叶来包装的。欧阳修《尝新茶呈圣俞》：“建安太守急寄我，香蒻包裹封题斜”，是说在寄送过程中就是用蒻来包裹的。

蒻叶指的大概是香蒲叶，也有写“箬”。陆游《初春书怀七首其四》：“箬护新茶带胯方”，这个“箬”也可能指箬竹的叶子，毕竟竹字头和草字头是不同的，未必是一种东西。当然使用过程中也可能是混用。

无论是香蒲还是箬竹叶，都有共同特点，微有清香而不夺茶香，还能起到保护的作用。后来普洱茶的七子饼用笋壳也是类似的道理。实际上“箬”在古文里有一种理解，就是笋壳。不过根据宋代资料里面对蒻叶或箬叶的颜色和质地的描述，应该还不是笋壳。包裹之后，外面当然还要扎一下，所以梅尧臣《次韵和再拜》说：“包以䕲蒻缠以麻。”

除了蒻叶，还可以用囊。囊在唐代就有，材料可以用纸、布、纱等，宋代装茶比较多的是绛纱，也就是一种红色的纱，透着喜庆。用绛纱做的囊也称“绛囊”。

绛囊本来是常用的纱囊，唐代就有，不独用来装茶，不过到了宋代，很多时候绛囊指的就是装茶的纱囊了。

宋徽宗《宫词》：“臣邻近密方宣赐，圆饼均盛小绛囊。”那这个绛囊可以是很高级的一种包装。苏颂《次韵孔学士密云龙茶》：“北焙新成圆月样，内廷初启绛囊封。”这里面说的也是贡茶。不过，绛囊大抵是从宫中到士人之中都有的包装方式。黄庭坚《奉谢刘景文送团茶》：“绛囊团团余几璧，因来送我公莫惜。”

绛囊和蒻叶这两种可以同用，比如黄庭坚《阮郎归》：“青箬裹，绛纱囊。品高闻外江。酒阑传碗舞红裳。都濡春味长。”

这些说的都是礼品、商品的包装，好看，但是不太适宜长期保存。如果长期保存，需要密封。

顺便说一下，茶叶长期保存需要密封这件事，从古至今都没什么争议，一直到明清时期，锡罐、瓷瓶，都是如此。但是从普洱茶问世之后，受香港老茶楼存茶经验影响，很多人开始强调通风，这个也有很大的误解在，带来大量香气物质的流失。其实即便是不断变化的普洱茶，大的原则仍然是密封，这个有时间再详细地探讨。

蔡襄《茶录》：“茶不入焙者，宜密封，裹以蒻，笼盛之，置高处，不近湿气。”这个说了密封，外面用蒻叶包裹，再放在茶笼里，那我们就知道，这个茶笼里面也是用蒻叶的。这句也有断句成“以蒻笼盛之”，也说得通，但是从当时通用的做法来看，应该是先包蒻，再放在笼或其他器皿中。

今日武夷山的焙茶笼

宋徽宗《大观茶论》讲得明白：“焙毕，即以用久竹漆器中缄藏之；阴润勿开，如此终年再焙，色常如新。”漆器的密封性本来很不错，那放进去之后，口沿还要做密封处理，这样密封效果就有保障了。阴润勿开是怕湿气进入，然后差不多一年焙一次，和新茶差别不大。

这种装茶的盒子，也被称为茶奁。袁说友《遗建茶于惠老》："东入吴中晚，团龙第一奁。"陈著《次韵鹿苑寺一览阁主岳松涧送茶》："鹿苑书来字字香，满奁雀舌饷新尝。"那这个除了装饼茶，也有可能装的是草茶。

南宋 周季常、林庭珪等 《五百罗汉图》局部 京都大德寺藏

像这个日本的《罗汉图》，桌子上的就是漆茶奁了。漆器在宋代来说，也比较常见，民间也是可以用的。

当然这个奁未必是漆器，也可以是其他材质，比如缃奁。黄庭坚《谢送碾赐壑源拣芽》："壑源包贡第一春，缃奁碾香供玉食。"葛立方《次韵施予善谢茶》："缃奁香叶裹新英，分与骚人取次烹。"缃指的是淡黄色，这个一般是用帛做的。

有时候也称"箧"，大抵是差不多的东西。梅尧臣《晏成续（夏校：当作绩）太祝遗双井茶五品茶具四枚近诗六十篇因以为谢》："远走犀兵至蓬巷，青蒻出箧封题加。"这也说明，盒子里面还需要加蒻叶。类似还有郭印《茶诗一首用南伯建除体》："满箧龙团重绝品，平视紫笋难为同。"

和前代一样，银器也是可以的。周必大《七月十五日邦衡用前韵送薰衣香二贴次韵为谢（己丑）》：天香犹带曳裙霞，银合行参到阙茶。这个在其自注里解释："召用两府将到阙，中使赐银合茶药及香。"

除了上面这些，当然还少不了陶瓷。杨万里《谢岳大用提举郎中寄茶果药物三首其一日铸茶》："瓷瓶蜡纸印丹砂，日铸春风出使家。"周必大《胡邦衡生日以诗送北苑八銙日注二瓶》："尚书八饼分闽焙，主簿双瓶拣越芽。"

除了瓶，还有罂。梅尧臣《谢人惠茶》："采芽几日始能就，碾月一罂初寄来"，这就是用茶罂装茶，而且装的是碾好的茶。其实像罂、瓶这类器物，因为腹大口小，装的大多是茶粉，装饼茶多有不便。当然，茶粉对密封的要求要远高于茶饼，用这类器物装也更有优势。

这张是日本奈良能满院《罗汉图》，罗汉手中拿的茶瓶，里面装的即是茶粉。

这个是河南登封黑山沟李氏墓壁画备茶图，这位女子手中的东西就是茶罂了。

类似也可以称"缶"。张磁《许深父送日铸茶》："瓷缶秘香蒙翠箬，蜡封承印湿丹砂。"我们还可以看出，这类器皿长期存放的话，不仅表面有箬叶蒙着，还需要有蜡封，然后再

南宋 周季常、林庭珪等 《五百罗汉图》局部 京都大德寺藏

河南登封黑山沟李氏墓壁画备茶图，一女子正从茶罂中取茶末

加以朱砂印信。这种蜡封的做法，在当时也很常见，有封酒的，封花的，封水果的，总而言之是防止接触空气氧化。

这类“罂”或“缶”后来传入日本，就是所谓的“茶入”。日本存世早期的“茶入”和洪塘窑的特征比较吻合，很可能就是那边出的。后面也有赣州窑的。

宋代洪塘窑茶入

新安沉船茶入

当然，这些东西在日本用法和宋代是一样的，都是装茶粉的。在追求名物的时代，茶入在日本茶道中相当重要，这个就不多说了。

除了陶瓷，也有银质的。

宋代银罐

这种荷叶盖造型的在宋代作茶罐的瓷器非常多，那这个银罐很可能也是装茶粉的。

差不多各种材质和形式介绍了一下，那如果要问哪种材质是最好的呢？非金银，非陶瓷，非漆器，也不是织物，而是“茶”！

什么意思？大量存茶的人会有体会，在一个堆放许多茶的仓库里面，最核心位置的茶最好，甚至外面有任何干扰也没关系。香港的有些老仓，大量堆放普洱茶，外面的品质下降很多，甚至有些变质，但是如果是紧密堆在一起的，那中间位置的茶非常好，好到什么程度，甚至比你单纯调整仓库温湿度存出来的还要好。这个就是存茶的高境界“以茶养茶”。

这个道理也好理解，无论什么材质，都不如茶更适宜茶，不是吗？何况茶本身就可以调节温湿，凝聚有益物质。当然，这个有代价，外面的茶还是会受损失。

这个情况很多藏茶人并不了解，那宋朝人知道吗？当然知道啦。

欧阳修《归田录》："自景佑已后，洪州双井白芽渐盛，近岁制作尤精，囊以红纱，不过一二两，以常茶十数斤养之，用辟暑湿之气，其品远出日注上，遂为草茶第一。"那我们知道，这一二两的双井白芽，是用十几斤普通茶来养的，不可谓不奢侈。虽然是草茶，那也是草茶中的魁首，秒杀日注。所以欧阳修《双井茶》也说："白毛囊以红碧纱，十斤茶养一两芽。"

从这里我们还可以看出，饼茶的一个优势，就是便于保存和运输。草茶在民间随便喝喝倒也罢了，如果要是追求极致的品质，那保存和运输是相当不容易的。

另外还有一大类养茶的东西是茶焙，是以温温的灰烬来保持茶的温度和干燥，当然需要的情况下，也可以用来焙火。唐代的焙是焙火的，育是养茶的，这个宋代有点不一样。总的来说，这个比较麻烦，偶尔用可以，不太适合长期使用，长期来说必然还是会带来物质流失和品质下降。所以蔡襄说，茶离开焙，还是要密封。

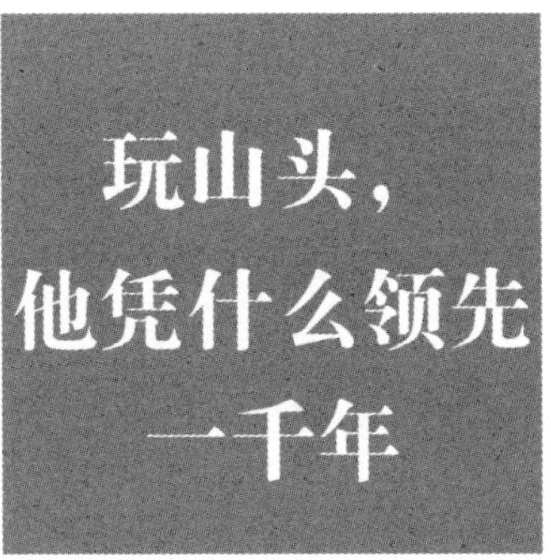

玩山头，他凭什么领先一千年

有的茶友和我争论，说你把宋茶说得有点玄，现在科技这么发达，肯定比古代做得更好嘛。

的确，现在科技很发达，但这只是说明可以比古代做得更好，却未必做得更好，因为你压根儿没往这个方向努力啊。有的时候，甚至压根不知道有这个领域，想努力却使不上劲。

不谈文化，那个欺负没文化的人；也不谈工艺，那个宋代人玩得有点太极致、太奢侈了，不好模仿；咱们来谈一个很常见的概念：山头。

山头，在普洱茶里面叫山头、在岩茶里面就叫山场。要说还是武夷的茶文化有底蕴，连着建茶的千年血脉。山场的说法更好，因为山头是个位置概念，山场是个空间概念，这里面包含的因素可就多了。

一提到山场，大家都知道是说一个小产地的概念，普洱茶里面说什么班章冰岛，岩茶说什么三坑两涧，就是这个意思吧。再往细里说，很多人就不明所以了。

为什么？因为这些资讯对于炒作，对于商业推广，已经差不多了。但对于对小产地的理解，对于茶品质的提升还远远不够。很多人是大聪明人，但是99.9%的精力都用在商业上了，那对山场的理解，还差得远。

我们拿出一本宋代的茶书，来看看宋人是怎么理解的。这本书就是《东溪试茶录》，是宋代的宋子安写的，宋子安在历史上没留下什么痕迹，只有这本茶书，而且这本茶书影响力也比宋徽宗《大观茶论》、蔡襄《茶录》这些名著小得多。为什么？因为专业!

太专业了受众就小了，但是不等于不重要，实际上，这本书的重要性丝毫不亚于那些茶学名著，最关键的，就是他把山场这件事基本讲清楚了。

古文本来对很多人就是障碍，再加上山场地名的考释十分繁琐。所以这本书很少有人去钻研。没关系，我来用最简单直白的话，把他要说的几个问题，给大家介绍一下，你就知道山场问题的几个关键点了。

山场细分

都是老班章，其实不一样，甚至大不一样！为什么？因为山场是需要细分的。我们要探讨产地的特性，最基本的单位不是山头、山场、寨子，而是茶园。如果你不明白这一点，那是找不到好茶的。

为什么要这么细致地划分，宋子安说得清楚：“茶于草木为灵最矣。去亩步之间，别移其性。”什么意思，茶这种东西敏感度太高，和一般的庄稼不一样，别说差一亩，就是差几步，都有可能不一样！

这个说法是不是夸张？真正泡茶山的就知道，这个是有道理的。宋子安说的是北苑，那是给皇上喝的，所以肯定是特别讲究，一般来说还达不到那么细致。

从这个角度说，三坑两涧的划分要比老班章靠谱得多，因为范围更加明确，当然，还可以再细分。

在山场和茶园之间，有一个纽带，这就是加工场所，普洱茶行里叫初制所，宋代就叫“焙”。这个和划分有关系吗？有关系，因为茶有一个特性，初加工必须就近。那一个“焙”就有一个加工的范围，可以包括几个茶园。

焙是面对市场的一个概念，有点像葡萄酒的酒庄，因为工艺上有一致性，渠道上有唯一性，是大家直接面对的，所以我们还不能绕过焙来谈茶园。但和葡萄酒不同的是，普洱茶和岩茶要面对复杂的山地环境，所以需要更加细致的区分，所以真正能对口感下结论的，还只能是基本的单位——茶园。

这本书很清楚这些问题。所以作者在叙述当中也是两条线：一条是焙的范围划分、一条是茶园的地理线。这个非常繁琐，就不具体举例子了。

我们要问一个问题，那茶园划分的本质是什么？仅仅是位置不同吗？

不，这里面涉及一系列参数，我们一个个来说。

品种

第一个要说的就是品种。如果品种不同，那说什么都不一样。实际上茶园有统一口感的基础也是品种单一或相似。

这方面还是说岩茶有历史传承和文化底蕴，品种分得精细，整个武夷山就有上千品种。普洱茶就太粗了。老班章是一个品种吗？当然不是，冰岛也不是。这都不用植物学专家，稍微认真看一下就知道啦，那为啥当成一个东西卖呢？因为你不懂啊！

《东溪试茶录》专门有一个章节谈品种，这就是“茶名”。这里面提到了七种茶，对于北苑附近来说，这个划分已经够用了。

有人会说，现在植物学划分得多好啊，花果叶萼能说上一大堆呢。要我说，这个不如《东溪试茶录》好用，很多划分上是一个品种，但实际上有差别。对于茶农或者茶人来说，需要的不是把这些东西贴上标签，装进抽屉，需要的是对他们来说有指导意义。

最主要的就是三点，书上都说到了。

第一个是外观，这个不用那么细，要直观可区分就行了。

第二个是口感，消费者关注的不是植物分类，而是好不好喝，不同品种有不同的口感，这个联系必须要建立起来。否则，分类毫无意义。

第三个是发芽时间，是早采还是晚采的品种。

当然再说细了，可以探讨不同品种的加工差异，这个就不说了。

基本上知道这些就够了。这些工作只能是茶农或茶人来完成。

顺便说一句，大树茶好还是小灌木茶好？从《东溪试茶录》的观点来看，大树茶要好得多。他里面提到一种“柑叶茶”，“树高丈余”，这个就口感来说是最好的。当然斗茶求颜色求效果的另说。

丈余就是三米多甚至更高。这种茶树今天就是大树茶，难怪梅尧臣说：“建溪茗株成大树，颇殊楚越所种茶。”重视古树茶这件事儿，不是现在的人心血来潮，有一千多年的传统呐！

土壤

除了品种，我们还要往下看、往上看。往下看，就是土壤。

土壤重要吗？非常重要，因为除了光合作用，植物的营养物质都要靠其扎根的土壤来提供。不同的土壤，口感风味大不相同。在葡萄酒里面，有个词叫“风土”，这个词不错，因为比起一般的环境因素，的确，这个“土”占的比重最大。

不同山场的土壤特征差异很大。就北苑一带来说，有肥沃的土壤、有“赤埴”（赤色黏土）、“黑埴”（黑色黏土）、多石、薄土等不同的自然状态。陆羽《茶经》中“上者生烂石，中者生砾壤，下者生黄土。”这个不是绝对的。

黄土要看是哪种，包括黄砂壤、黄棕壤、黄壤、黏土等等。上者生烂石也不绝对，要看海拔气候，还有加工的侧重点。从建茶的角度，加工中要去除大量物质，对茶内含物质的含量要求很高，生烂石的就很难满足要求。这些在《东溪试茶录》里面都有涉及。

除了土壤的分类，还要看土壤的条件。我们到一个地方，把手插到土壤下面，感受一下温度，你会发现，有很大区别。在自然生态较好的地方，土壤是有活力，有温度的，相对来说，植物的生长也更有天然的活力。但现在这种茶园已经越来越少了。

我们常常说伴生植物对茶园有所影响。这个《东溪试茶录》也有涉及，其实这个影响主要还不是通过气味传给茶，主要还是通过土壤。土壤的成分改变了，茶的味道自然就变了。

日照

除了土壤，在山头还要看什么？我们还要向上看，气候降水这些不用说了，因为同一个山头肯定不会有大的差异。我们还要关注的一个差异是日照。

我到一个茶山，喜欢和茶农探讨的一个问题就是不同朝向的茶园口感的差异。这个特别明显。就是宋子安说的，差几步都不一样。差几步可能土壤差不多，但是如果正好处在山体的分界线上，那日照完全不同，真的口感就差很多。

有的人玩单株，说一棵树阳面和阴面都不一样，这个有没有道理？当然有！最简单的道理，等果子成熟的时候，我们到一个果树稍微大一点的果园，选一棵大树，阳面采一筐，阴面采一筐，你对比着吃。除非你味觉有障碍，一般都能吃出来啊。

当然玩单株这个是奢侈品，大家不太容易参与，我们还是看茶山。

是阳面还是阴面好呢？这个还是要具体问题具体分析。一方面看海拔气候，如果偏冷的地方，当然希望阳光充足一些。如果是平地坝子，本身日照足，气温高，那最好还是有点遮阴比较好。

这个只是最初步的，实际上这里面有很多有意思的道理。比如同样的日照时间，是偏上午的好？还是偏下午的好？《东溪试茶录》这方面讲得比较细。这个不是胡扯，真的不一样。

那我们就可以把茶这种生命和天地运行联系起来，不管科不科学，只要在你经验范围内得到验证，就可以了。

口感地图

山场细分还有其他一些因素，篇幅所限，先大概谈这么多，我们还是要归结到一个核心问题上。

什么问题呢？我们需要把空间和口感建立联系。不管是土壤也好、朝向也好、品种也好，我们最终还是要归结到口感上。因为茶，最终还是要喝，要好喝。

那这个地图就不是枯燥的地理信息了，而是有鲜明个性的东西。对老茶客来说，武夷山的山山水水都是和味道密切相关的，提到一个地方，一个味觉记忆就被激活了。普洱茶也是一样。

前些天，品鉴一款存了几年的普洱，沉香味一入口，我就一下子回到哀牢山中段了，不仅如此，这款茶提供的信息更多。

为什么呢？因为香型的分布是基本连续的、有线索的；而不是突兀的、孤立的。当你看着勐库或者勐海的地图，你看到的不是一个个乡镇和寨子，而是一条条香型的分布带，那就不得了了，这个地图就活了。

在无量山来说，从北面的南涧到最南边的易武，在我头脑中这个分布是连续的。但是对于哀牢山，因为对墨江茶不够重视，这条线没有完全建立起来。不仅如此，那对红河、文山的茶的理解也连带着欠缺。多喝一喝墨江茶，不仅你会喜欢凤凰窝那种迷人的沉香味，更重要的是，整个红河和文山的口感地图一下子就活了，甚至对镇沅茶的理解也会有很大提升。这个更加重要！

什么叫玩山头，不是你知道几个名山，作为吹牛的资本，而是你能建立这个口感的地图！别信什么普洱茶山头“北苦南涩”“东柔西刚”，太过廉价的知识基本没有价值。真正的口感地图是喝出来的，是丰富的、鲜活的。没有这个基础，说定制一款什么口感的茶，那都是胡扯了。

《东溪试茶录》在这方面可以说开了先河，每个茶园都和口感建立起联系，各种口感类型分布都是连续的，千年之后读起来，还是明明白白。当然可惜的是，这些茶咱们都喝不到了。

不过这个不重要，重要的是我们了解了这个方法，那我们就可以在普洱茶、在岩茶上去建立这个口感地图。这个东西画出来是死的，只有在头脑中才是活的。

今日云南茶山上的大茶树

采制加工

建立起这个口感地图，还需要和采制加工联系起来，为什么呢？不同的茶加工所需要的条件不一样。有的茶压榨，需要压得透一点，这样苦味就小得多。而有的茶身子骨弱，你要这么压，就没味儿了。

这方面《东溪试茶录》也有所涉及，但是这个别的宋代茶书也有介绍，这里就不专门展开了。

本文就聊到这里，希望大家有机会喝到真的茶，对的茶，从而建立起自己的口感地图。

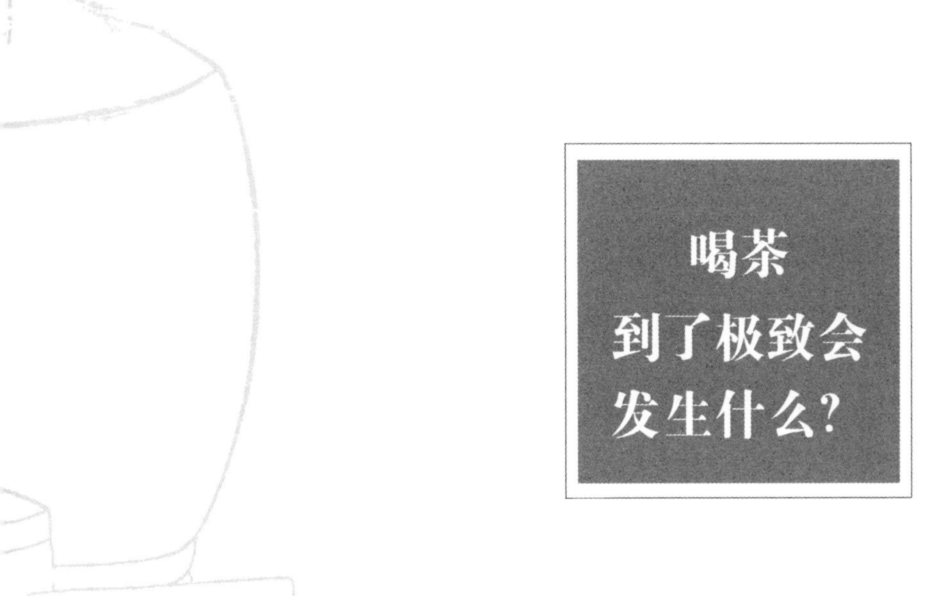

喝茶
到了极致会
发生什么？

平静之下的杀机

千年迷局

关于徽宗时代的君臣，大家多少都了解一些，不过受南宋以降道学传统的影响，我们所能了解的往往是脸谱化的形象：一个昏君和一大帮奸臣把一个好端端的国家葬送了。

这些人，不是太无能了，而是太聪明了。

蔡京的格局当然不如王安石，但经济改革推进的力度和效果都超过前辈，称为能臣并不过分。童贯在军事上也并非一无是处，资质能力算得中上。而且这些人都有较高的艺术修养。童贯如果没有艺术眼光，徽宗不可能派他搜罗古董字画；蔡丞相的书法不用说了，本来宋四家是占一位的；王黼也算是金石学家，《博古图》是金石名著；就连那个高俅高太尉，也绝不是仅以球技邀宠的弄臣，书法虽不能和那些大家相比，拿到现在秒杀一干书法家也不是难事。为什么？入得宋徽宗法眼的，你艺术修养不够，审美水平不够，那是不行的，和你说话就没意思了。

那这么多聪明人在一起，怎么就把国家搞没了呢？用句现在的话来说，这些人都是“精致的利己主义者”，而且不是一般的，而是最顶尖的，最聪明的。这些人最强的能力还不是经济、军事、艺术方面的，而是怎么讨好皇帝，怎么在官场中左右逢源，怎么把异己打掉。这些人如果是一个谨慎自知的皇帝来用的话，或许未必留下“奸臣”的骂名。

那最大的问题还是出在徽宗这里，徽宗又是个什么样的人呢？是不是昏庸无能呢？他不仅是皇帝里面排第一的艺术家，而且他的审美之高雅，见地之精深，视野之博洽，在整个历史上的艺术家群体里，也绝对是第一流的。这样的人对政治、经济就一窍不通？恐怕也不是。从他当皇帝早期的作为就可以看出，执政能力在皇帝中绝对不算低。这些所谓的大奸臣，所谓的“权倾朝野”，哪个不是被他玩得团团转？手腕并不比那些明君差啊。

那问题又出在哪里呢？

这就是前面说的，我们要从制度、文化和他个人性格这几个方面来全面衡量。对徽宗和他的大臣们的误解太多，从过去的小说评书乃至到近年的讲坛，都在延续这些误解。为什么呢？脸谱化的形象容易激发爱恨情绪，这样才喜闻乐见啊。

这本书并不是历史专著，我们并不展开讨论这些制度和文化的问题，这个话题太大，真正对历史感兴趣的朋友可以看一些最新的北宋晚期的历史研究成果，对于我们突破千年以来的成见，应该会有启发。

我们要做的是管中窥豹，通过这本《大观茶论》，不仅看北宋的茶文化达到了一个前无古人后无来者的高度，也希望能更多地了解这个人的境界、追求、心态。最终希望能对茶文化有一个新的理解和反思。

平静之中的巨大杀机

《大观茶论》开篇倒也平常，说的是茶和一般的农副产品不太一样，有着很强的文化属性。直到现在也是这样，如果不懂这一点，没法做茶。前两年有些人对普洱茶涨价、高价岩茶这些现象非常不满，包括媒体也在说不符合经济规律，有多大泡沫云云。但这一两年基本没有声音了，因为泡沫根本破不了，茶不是简单的农产品，就像葡萄酒一样，有很强的文化属性，这些属性和口味结合，市场细分起来有很大的差异，这才是真正的经济规律。

如果说徽宗上手有些不同的话，是这些词语的道家意味。

“擅瓯闽之秀气，钟山川之灵禀，祛襟涤滞，致清导和，则非庸人孺子可得而知矣；冲澹简洁，韵高致静，则非遑遽之时可得而好尚矣。”

茶这个东西本质上是天地钟灵所化，与天地精神相往来的。这话透着让人不舒服的贵族气息，不过也是实情。

徽宗对道家的尊崇可以说在历代皇帝中为最。不仅为此抑制佛教，甚至推动儒道合流，有暗中替换儒家的款曲。

我们接下来讲建溪贡茶的缘起与发展，道家的气息仍旧是扑面而来。

“百废俱举，海内晏然，垂拱密勿，幸致无为。”

这句话和一般的皇帝就有所不同了，不是简单的政通人和，而是垂拱而治，无为而治。一般的皇帝，下面人这样吹捧吹捧可以，但是很少有人会真的相信。徽宗信吗？他应该是相信的。为什么？他和普通皇帝不一样，他是“教主道君皇帝”。

既是皇帝，又是道教的教主，这是其他皇帝没有过的称号。如果是道教的教主，那无为而治岂不是顺理成章？有人说，说他是长生帝君下凡，那是道士林灵素忽悠他的。这件事也没那么简单。

如果你是一个皇帝，在你的治下，多少年也不会清一次的黄河，连续三年三次“河清”，你会怎么想？如果你在宫廷演奏新制的雅乐，经常就有仙鹤成群飞来，翩翩起舞，唳嘹和鸣，你又会怎么想？如果你做梦，经常能见到太上老君，各路神仙，时不时地点拨你，那你又会怎么想？如果你和文武百官一同郊祭，大家一同见证天神在空中出现，你又该作何感想？

这些现象附会也好，幻觉也好，超自然也好。不管你怎么想，徽宗对于自己是神仙下凡、负有使命这一点，是深信不疑的。所以在他的治下，以皇家力量推动道教发展，绝对是最给力的。

神仙下凡治理国家，对咱们老百姓有没有好处？当然有好处，社会福利事业发展得很好，“安济坊”让病有所医；“居养院”让鳏寡孤独都有所养；“漏泽园”让死者都有所葬，

“太平惠民和济药局”更是空前绝后。这些虽不尽是徽宗开创，但徽宗在位的时候发展得是很快的，都是国家掏钱。为什么呢？因为神仙对社会治理的标准很高，他是圣王。

文化事业发展得也好，不仅有大家熟悉的皇家画院，那也是几千年历史的高峰；还有皇家的音乐机构，整理出至高至雅的“大晟乐”；还有官医院、官药局，医生的地位前所未有地提高，现在的医生能叫“大夫”，那是因为神仙皇帝给医官的封号。至于藏书印书、文物收藏整理，例子更是举不胜举。

有没有不好的地方呢？也有，而且很麻烦。

神仙皇帝的审美不是一般的高，不是说一般的奇珍异宝就可以了，他是用神仙的标准来衡量的，这可就麻烦大了。秦始皇、汉武帝，这些人是派一些人去海外仙山去找神仙。神仙皇帝不用费这事了，他就是神仙啊，自己建一个仙山不就行了，这就是艮岳。

修艮岳本来是为了宋徽宗的子嗣问题，是一种风水上的考虑，要说也挺怪，这艮岳一修，孩子就一个接一个的来了。于是艮岳越修越大，越修越仙。

一般的皇帝搞个园林能休闲一下就可以了，但是神仙皇帝不行啊。这个园林的标准就太高了。一般的飞禽走兽是不行的，需要的是珍禽异兽，而且得是有祥瑞意义的。一般的植物是不行的，必须是奇花异草，古木灵卉。一般的石头也不行，必须要有仙气儿的石头，这东西开封可没有，得从太湖运过来，这就得有“花石纲”。

计成说中国园林是“虽由人作，宛自天开”。这个天开可不是大自然，而是有浓厚道家审美趣味的“天开”，湖石代表的正是道家的趣味。宋徽宗的瘦金书也不是所谓的“媚研”，也同样是道家的审美。如果不理解道家，很难体会其中的妙处。

皇帝爱好广泛，审美还高，看来真不一定是好事。“上有所好，下必甚焉”，皇帝得到了“一”，民间受到的骚扰和破坏就是成千上万。

更麻烦的是，这位是神仙皇帝，兴奋的阈值太高了，对一般的好东西完全无感，那这些下面的人可就玩了命了。花石纲对东南百姓的折腾就不用说了。

这还不是最可怕的，最可怕的是，神仙皇帝日渐生活在他的神仙境界里，这个幻境太有魅力，太有气场，整个高层都熏熏欲醉，生怕破坏了这唯美的意境。你要是提点现实的问题，就太俗了。问题是，你们醉了，北方的金国可还醒着呐……

贵族中的贵族

贵族中的贵族

在探讨《大观茶论》的时候，我们需要解决一个问题：这本书究竟是不是宋徽宗写的。有些人会认为，一个皇帝事情那么多，怎么会有闲心写这个东西？即使有闲心，又怎么可能钻研得这么细致深入？会不会是代笔？

这个我们没法穿越，不能下100%的结论，从我的角度看，应该是宋徽宗写的。对于别的皇帝，或许存在前面说的两个问题。对于他来说，非但不存在，且他的人生追求恰恰就在这里。此外，我们还要进一步探讨他的心态。

对于贵族，我们很难理解；对于贵族中的贵族——皇帝，我们更是太难理解；而宋徽宗是皇帝中的神仙，我们怎么理解？

北宋　赵佶　竹禽图

先说一些可能的误解。

金碧辉煌，珠光宝气。我们知道日本有一位老兄，建了一座历史上唯一的纯金茶室，这位老兄已经掌握天下大权了，天皇只不过是个象征，他把天皇供在茶室里喝茶，觉得太了不起。这叫什么呢？这叫土豪。这位老兄就是丰臣秀吉，日本历史上赫赫有名的人物，但是没办法，他出身社会底层，虽然拼杀多年达到权力巅峰，但他的想象力也就到这了。

土豪不行，那富二代行不行呢？也不行，富二代虽然不会像土豪用那么差劲的方式炫富，但是心气还不平，今天看这个不顺眼，明天看那个不乐意，没事儿就在微博上开撕。这是什么意思呢？物质生活没的说了，但精神生活修养还差一些。这离真正的贵族还有距离。

所以说，培养一个贵族要三代、是至少三代。

那宋徽宗呢？宋徽宗是北宋第八代的皇帝了（里面有兄终弟及）。不仅是第八代，而且是在中国文化最巅峰的时代里面过了八代，这个就太不一般了。

所谓“崖山之后无中国”，这个观点我肯定不能同意。不能什么事儿都从所谓“汉族”角度看，那就太狭隘了，而且“汉族”“中国”这些概念也是不断变化融合的。

所以陈寅恪先生说：“华夏民族之文化，历数千载之演进，造极于赵宋之世。后渐衰微，终必复振。”不光是中国人这么认为，西方治中国史的大家费正清、李约瑟，都有类似的观点。

换句话说，我们面对的是几千年来文化最巅峰的时代培养出来的贵族中的贵族，咱们的想象力当然得充充值。

你排了长长的队，随着滚滚人流，摩肩接踵的就为瞧一眼《千里江山图》，灯光昏暗，你推我挤，还没看清楚怎么回事儿呢？保安就嚷嚷了：“往前挪挪，让后面的人看看。”

北宋　王希孟　千里江山图（局部）

你能理解家里面用的饭碗茶杯都是一级文物，国宝级书画拿起来就看的感觉吗?

据说王静安先生请溥仪到家里，顺便让小皇帝给自己的收藏掌掌眼。小皇帝委婉地告诉他，东西不真啊。你说王国维这么大个学者，怎么还不如小皇帝？没别的，环境不同啊。引经据典他肯定比不了静安先生，但比过手的东西，那真没法比。

这故事没法考证真假，但是有一件事儿是真的，什么是贵族，贵族就是看这些都是过眼云烟，不在意。溥雪斋掷骰子把雕梁画栋的九爷府输了，没二话，百十口子搬家，没感觉。到了晚年家徒四壁，学生来家里吃饭没有菜，肉都得出去赊了，还是谈笑自若，没感觉。这，才是贵族。

大宋文化发达，信佛崇道的皇帝不少，但是都没有徽宗这么痴迷，为什么呢？皇帝玩家人间玩到了几千年的极致，越来越难与人共鸣，不和神仙玩儿，你让他怎么办?

神仙皇帝玩茶，没有任何功利目的，那对他没有意义；甚至也不是为了休闲，他根本就不需要休闲。他是觉得有意思，可琢磨，他才提起兴趣；茶打开了一个通道，透过这个通道，他得以窥见天人之际，他是在探索宇宙人生的奥秘。只有理解到了这一点，你才能明白他的境界，才能明白他的信仰。

我的题目叫“喝茶喝到极致”，这句话也不是噱头，不仅仅是说那个时代是中华文化史上的巅峰。《大观茶论》里说的明白：

“故近岁以来，采择之精，制作之工，品第之胜，烹点之妙，莫不咸造其极。”

就茶上来说，徽宗的时代确实从采摘、加工、品鉴、烹点各个方面，都达到了极致。我们甚至也可以说，宋徽宗的这本《大观茶论》也达到了极致。是极致的时代，极致的玩家，极致的作品。

三大源流话巅峰

之前我说过，中国茶的历史有三大源流，一个是以陆羽《茶经》为代表的草茶的源流，这个源流基本上没有中断过，明代太祖皇帝兴散茶废团茶，虽然得不到陆羽的真精神，但大体上这一脉是传下来了。

另一个是扎根民间的调饮传统，无论陆羽排斥也好，宋人鄙视也好，在民间都有很大的生命力，直到现在南方的乡村，乃至超市的瓶装饮料，街边的快销茶饮，都还在延续。

再一个就是宋代的銙茶或者说片茶传统，这个从各个方面来说，《大观茶论》都是巅峰。但是，这个无论形式还是内涵，都无疑的中断了。明代也有人对注解宋代茶书感兴趣，但是那是研究前代文献的兴趣，和茶饮没关系，和生活也没关系。日本也有点茶延续下来，但那是元末残存的点茶法，形式已然不同，内涵更差异巨大。

回望这段历史，我们当然应有反思，而面对这个文化巅峰，我们也应该献上我们的敬意。

北宋　王希孟　千里江山图（局部）

为什么说是巅峰，我们先不从技术上说，也不从点茶的艺术上说，单单就是遣词造句，这一点，后代就难以企及。我们随便拿出一句话。

“而天下之士，励志清白，竞为闲暇修索之玩，莫不碎玉锵金，啜英咀华。较筐筥之精，争鉴裁之别，虽否士于此时，不以蓄茶为羞，可谓盛世之清尚也。”

这一句话就贡献了很多微妙的词语。“啜英咀华”“碎玉锵金”“盛世清尚”。今天一些顶级的拍卖会，说搞个茶道具专场，想起个有文化的名字，基本上逃不出这类词语。今年你用完这个了，明年我再用。为啥，这些词语从美感上，从意象上，确实已经到了汉语言的极致了，你再想个词儿，要么不够美，要么不达意啊。

而这部书的价值，还不仅在于这些词语之美，更在于作者背后的艺术和哲学的高度，这个容我慢慢道来。

一个人的世界

虽然茶是“草木之微”者，关注的人不多，但是能借由这个话题，看看前所未曾想象的人生境界，也是个大的话题了。

天下一人

熟悉书画的朋友都知道，宋徽宗落款很特别，这个宋代叫“花押”，也就是签名。

找两张代表性的给大家看一下。

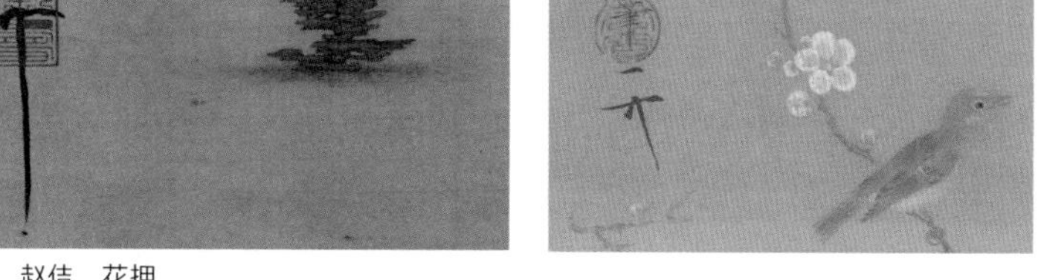

宋　赵佶　花押

果然和一般人大不一样，极简，潇洒，给人留有太大的想象空间。这么一个签名本身就是很前卫的艺术品，基本上西方要到二战后才有极少一部分艺术家能大概有这种水准。

不说艺术性，这写的是啥呢？有的人说是天水，又像天、又像水。天水是老赵家的郡望，史家也称赵宋为天水一朝，就是这个意思。

更多的人说，这里面藏着四个字“天下一人”，这个还真是，你按着这个思路看，果然越看越明显。好的艺术不仅动人，而且和人是有互动的，引导你去探寻，去思考的。徽宗的确是小处见大。

天下一人，这不用说啊，皇帝可不就是孤家寡人吗？还不全对，徽宗所谓的“一人”不仅仅是在说权力，其实有很深的孤独在里面。

他的眼光，他的心智，他的境界，真正的高处、妙处，别人很难领会。

为什么他那么热心神仙之事，高处不胜寒啊。这种艺术上、文化上的寂寞，不但一般人不能体会，甚至一般的皇帝，哪怕雄才大略如唐宗宋祖也没法体会。真正玩到了这个份上的皇帝，没有别的选择，只能在信仰上面找答案。中国历史上屈指可数，远如梁武帝，近如唐明皇，都是文化上大全才，治国安邦也是绰绰有余。很多人就是不明白，这些人都是一手超级好牌，怎么就好佛佞道到了那步田地，最后混得那么惨？这里面可说的东西就太多了。

还是回到徽宗，我们面对的这位是中国文化最巅峰时代的贵族中的贵族。我们要真正理解其境界，是太难了。但是我们通过这部书，还是能看出端倪。

异彩纷呈

有的人可能对古文不太敏感，我们可以和宋代的其他茶书大致做个比较，这样好理解一点。我们先把类型不同的，比如《东溪试茶录》《宣和北苑贡茶录》这类偏技术、偏资料性的去除，因为可比性不大。再看下面这几部。

蔡襄蔡大人的《茶录》好不好？真好，简洁清雅，处处透着君子之风。大家看蔡大人的字就可以看出来，为什么评为当朝第一？也有人说是宋代第一。当然蔡大人人品好，辈分高，这只是一方面；另一方面，蔡大人的字写的有“古意”，深沉内敛，冲淡平和，不像苏黄那么外露，米疯子更不用说了，那是艺术家人格。这本《茶录》也是，庆历老臣那种温和儒雅的气息扑面而来。没有一句夸张卖弄，言简意赅，点到为止，这种书读起来如沐春风。

黄儒《品茶要录》好不好？也好。苏东坡都说黄儒“博学能文”“有道之士”。《品茶要录》也的确条分缕析，清楚明白。都说宋代是中国古代科学发展的巅峰，不夸张。因为有这些智商、逻辑、语言能力都在线的人物，这个时代才可能出现《梦溪笔谈》这样的著作。

那南宋审安老人《茶具图赞》好不好？也好。典故套着典故，隐喻套着隐喻，语带双关那都不叫事儿，基本上都是语带三关、四关、五关。注释的时候，我都想把他揪出来对质。

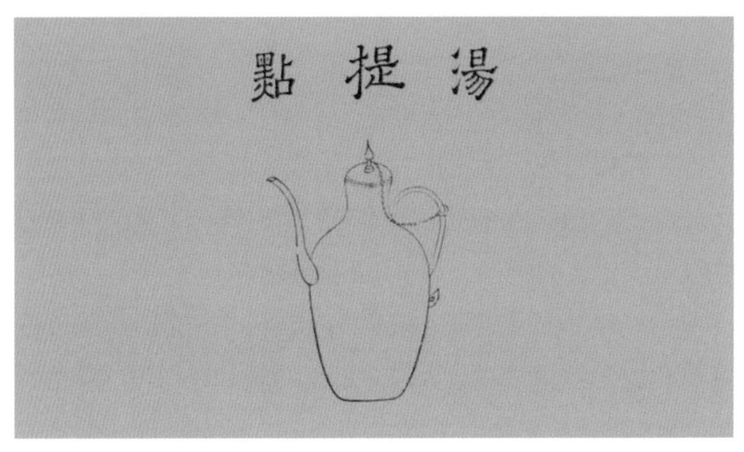

《茶具图赞》中的汤提点

比如一个烧水的汤瓶，他能起名叫汤提点，暗指其提起点茶；同时提点又是官员名字，本来就有应酬宾客的职能；起一大堆环环相扣的名、字、号就不说了。关键是只用了“执中”两个字，就埋了《孟子》“汤执中”的一大典故，不仅说拿这个汤瓶的把手执中，问题是把“商汤”给捎上了，那下面一句“辅成汤之德”，简直用得妙到毫巅！既说了商汤执中的典故，也说了提点的尽职，还说了汤瓶的功用是烧水、“成汤”，“成汤”本身还是“商汤”的名字，而且“执中”背后还有儒家中庸治国的理念在，而且还借汤瓶在炭炉上烧水，把士大夫不避外烁，心怀忧患的情怀也带出来了。我的天，一句有五重影射，要不你试试？

这些书好是都好，但是还不是真正的讲究。哪怕审安老人这种玩文字的顶尖高手，那也只是文字和思维的游戏罢了。

那什么是真正的讲究，内涵很多，我们挑几个层面来说。

字字珠玑

第一个层面，要善，什么叫善，《说文》：“善，吉也。”就是用语很祥和，让人读起来很舒服。这个就是贵族的气质，不是需要刺激你，撩拨你，也不是装作自己很有格调，生怕别人不知道，这些都非善类。这些不是一天两天训练出来的，而是长久熏习养成的，是真正的教养。

比如他说鉴别一个茶饼：

“色莹彻而不驳，质缜绎而不浮，举之则凝然，碾之则铿然，可验其为精品也。”

不用看诗词歌赋，就是描述一个茶饼的外观，就能看出语言上的修养。典雅、雍容。这样的例子太多了。

第二个层面叫准确。或者说，真。

这个其实很难做到，绝大多数的人在遣词造句的时候，会为了外在的形式牺牲内容的准确，这是文人的习惯。另外一点，如果你的观察力达不到，即使你想准确，也达不到，这是能力问题。

徽宗这本书不仅词句典雅讲究，准确性上，很少有古代书籍可以比肩。我们举一个例子。

在讲到养茶焙火的时候，他说：

“或曰焙火如人体温，但能燥茶皮肤而已，内之余润未尽，则复蒸暍矣。”

这是什么意思呢？以前蔡襄他们说，焙火只要比人体温度高一点点就可以了，不用太高，徽宗说这其实是不对的。当然蔡襄是常时焙，徽宗是终年焙，本身的路数也不一样。相对来说，终年焙对保存茶的内质更好。我们先不管这些。但看这句“则复蒸暍矣。”

什么叫 “蒸暍”呢？暑湿、暑热。那这一句话是说，焙火如果温度不够，茶的表面虽然干燥了，但是里面水分还很大，又有热力，在饼里的小环境形成一种像夏季暑湿，或者说桑拿天的感觉，这样对茶并不好 。这点对于我们藏普洱茶的人来说，感触太深了，可是很难描述。这很微细很难描述的一个状态，他用“蒸暍”两个字带出来，不仅准确，而且很生动。

这种例子很多，都是微细处，粗略地看一带而过，但细心的人，有实操经验的人，会知道很不简单，会有会心处。

光真还不够，能把准确、典雅、工整这些气质结合起来，这个是真正的旷代高手。很多皇帝偶尔也能写些骈文，但观察力和徽宗没法比，眼力不够，准确度不够，都是套路，太水了，那感觉就差多了。

我们再看他说一个茶碾：

“凡碾为制，槽欲深而峻，轮欲锐而薄。槽深而峻，则底有准而茶常聚；轮锐而薄，则运边中而槽不戛。”

这里面没有一个字是多余的，没有一个字是模糊的。深代表什么，峻代表什么，锐、薄又代表什么？都很明确，放在一起又那么工整，雅致。

他说一个壶嘴：

“嘴之口欲大而宛直，则注汤力紧而不散；嘴之末欲圆小而峻削，则用汤有节而不滴沥。”

很多人看着平淡，但我告诉你，我看到古今那么多讲壶嘴的资料，精炼准确没有一个超过这句话的！

“嘴”“口”“末”指的是什么，汤“力紧”“有节”是什么，这是很多个层面的问题，不是那么简单。很多作注释的人不是玩壶的人，想当然地去注释，觉得没什么，但可能偏差很大。这个大家可以看本书中的注释，多年玩壶，我能体会到这些地方，但是这样凝练、准确、完整的表述，只能叹为观止。

如果找一把好的烧水壶，我们上淘宝也好，去景德镇逛逛也好，台湾那些窑转转也好，交流交流，探讨一下这句话的内容，看看见地到了哪里，你就明白，差距太大了。

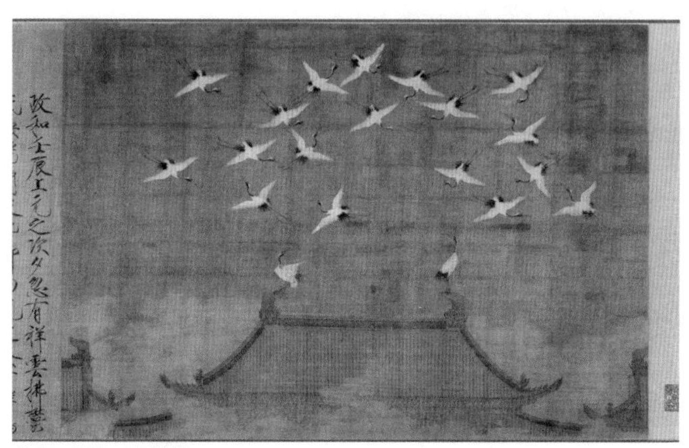

北宋　赵佶　瑞鹤图

有了这些，已经站在汉语言的高峰之上了。

不光是准确。准确是把大家能感受到了东西恰当地描述出来，这本书还不止于此。因为有些东西，是别人还没体会到的，那就不只是准确的问题了。而是“孤标先发”，别人的眼还没到这里，但是你觉得要想说清楚就非说这个不可，这是超出时代的地方。

他谈茶的口感味道，就是四个字“香、甘、重、滑”。

这个“重”很多人理解错了，绝对不是重口味、霸气。而且书中也说了，重浊是要舍弃的。这个重我们换个形容葡萄酒的词“body”——酒体，就明白了。这是一种类似重量感、质感、触感说不太清楚的一个综合性的东西。这个只要是喝饮品到了一定阶段，是绕不开的一个概念。

你说，奇了怪了，怎么这么多年别人没这么说，现代喝茶的人没这么说，只有他和品葡萄酒的人这么说呢？人的敏感度，人的见识和多少年多少人的积累没关系啊，你感受到了，而且感受很清晰，就需要表达。

还有如果茶蒸压有点过，会“味醇而乏风骨”。醇厚不就行了？风骨？这又是说什么，岩茶里面有“岩骨花香”，和这个骨有点关系，但不一样，岩茶其实说的是岩韵，这里面有矿物质的口感，有工艺带来的口感。但这个风骨说的还不是这个，这个还要用一个形容葡萄酒的词“structure”——结构。或者说“Backbone”——骨干，就是说你的空间感怎么样，醇香是平面的，这个是不够的，需要把更多维度撑起来。

当然像平衡“balance”这类词汇就更不用说了，要讲理解，即便是现代葡萄酒品鉴也没法和中国古人比，因为这是他们的核心理念。从一开始采茶的时候就处处讲阴阳了，整个制茶品茶的过程离不开一个“和”字。

文化这个东西，你到了就是到了，没到就是没到，一千年前宋徽宗到了，而且是全面地到了；一千年后西方人到了一部分，因为文化虽有差异，技术层面是互通的；但中国这些所谓品茶的大师，无论怎么吹，可能还真没到。

光是真与善，那还不够，还一定要美。美到亦真亦幻，美到哲学的高度。

这个是徽宗孤独的地方。

还是说茶饼：“有肥凝如赤蜡者”，有“缜密如苍玉者”，不仅形象美，你念一念，语言的韵律也美，对仗还工整，这个就很难做到了。

北宋　赵佶　文会图（局部）

这个我们前面也举过一些例子，“碎玉锵金”“啜英咀华”，这个不光是想象力的问题，音韵上的美感也不是努力就能达到的。

当然最能集中体现这一点的，还是“点茶”。

一个人的世界

点茶是宋代主流的玩法，士大夫的日常，写茶书的人都是点茶高手。但是点茶和点茶大不一样。

通常的点茶，第一步先加少量的水，先把茶粉调成膏。然后第二步再加水，逐渐打出泡沫。原因很简单，说俗一点，点茶有点像我们做个玉米糊之类的东西，必须先用少量水调匀，一下子加太多水，茶粉和水的融合不好。

不仅范仲淹、蔡襄是这个玩法，一般士大夫是这个玩法，就连现在日本所谓的抹茶道也是这样。

但是宋徽宗不同。

当然开始他也是要调膏，而且讲了两种不同的点茶方式，都是不足取的，你还不能细琢磨，要不然现在日本茶道可能就被归到这里面去了。

调好茶膏了，他开始注水了，这是第一注，他说是什么呢？

“如酵蘖之起面。疏星皎月，灿然而生，则茶面根本立矣。”

疏星皎月，灿然而生，真美啊，不仅美，而且形象。

他特别强调第一注的这个质感，酵蘖之起面，就像发面一样，发面什么样？大致上就是逐渐膨胀，充满气孔。但是几个小时的时间，我们把他浓缩在两三秒，看看是什么感觉。

发面好像是一件很俗的事，但是“疏星皎月，灿然而生”，在徽宗眼里，这个茶开始进入一个华美的幻境。

没错，请注意，从这一注开始，已经是徽宗一个人的世界了。他不是注汤一次两次，而是整整七次。

第二汤，“色泽渐开，珠玑磊落”，这是形容茶汤发色，泡沫渐细密，语言意境都好。

第三汤，“周环旋复，表里洞彻”，这是击拂的动态。日本人拿着一个建盏，说，啊，这个是曜变，这个太伟大，里面能看见宇宙啊……他们不知道，道在平常。徽宗讲这个动作就是宇宙的奥秘，“周行不殆，为天地母”，你看看《道德经》怎么说的，这才是道啊！道才能表里洞彻啊。你们拿着一个杯子要去哪里找呢？

第四汤，“真精华彩，既已焕然，轻云渐生”，这个时候茶最精彩的东西才一点点展现出来。这不是一般人所能见的，因为这不只是个技术的问题，这是眼力，心力，手力的综合。

蔡京《太清楼侍宴记》讲，徽宗有时候会亲自给左右大臣点茶。你说不就是个打出泡沫的力气活吗，谁干不行啊，就算有技术，太监训练一下不也可以吗？真不是这么回事。

说是一个人的世界，并无虚言，其实每个人都是一个世界，不过有的猥琐，有的恢弘罢了。而轻云渐生，徽宗已经开始进入神仙的世界了。

第五汤，“结浚霭、结凝雪，茶色尽矣。” 云气凝结，进入一个洁白的世界。这个时候，茶色才完全显发出来，美轮美奂。那可以喝了吗？还不行。

还要有第六汤，茶色都完全显发了，也那么美了，怎么还要注汤？那是一般人的想法。这个时候注汤，是为了观赏茶汤的动态效果。云气蒸腾，细密的沫饽幻起幻灭，这才是点茶的极致体验。

那开始喝吧，可以喝，但是还差一道工序，这是第七汤。这次再注水，是要让表面浓密的沫饽浮出盏面，这叫“咬盏”。然后只取其上面“轻清”的部分，“重浊”弃而不用。这是什么，这是道家的理念，取其精华，去其糟粕。实际上宋茶从制作到饮用，都和道家密不可分，这是后话。

单说这最后取精华的过程，也是“乳雾汹涌，溢盏而起，周回旋而不动。”瑰奇映丽，仙山云海，天人共赏，令人惊叹!

这才是点茶的最高境界。

最高境界

常碰到人说要弘扬茶文化，啥叫茶文化啊，说不清楚。反正这话我不敢说，看了上面这位，我只能承认自己是个没文化的人，靠茶、靠茶文化混口饭吃而已。

这个世界，我们只是远远地窥视了一下，已经足够惊异。每日生活其中，又是怎样一番光景?

常听人说，喝茶就是喝茶，搞那么复杂干啥。这话也没错，但是人生有一层一层的境界。你可能觉得霸气解渴就行了；那有的人觉得香气要丰富，口感要饱满；又有的人能看到结构和层次；还有的人不仅要口感还要五感互通；又有的人更想跨越天人之际，进入另外一个世界。

那最高境界的结果是什么?

是亡国。

因为皇帝这个位置太敏感，太脆弱。你随便的一个喜好，可能动用的就是全国的资源，甚至是不该动用的资源。也许你没有这个意思，但是无数人要靠这个翻身，靠这个青云直上。

说起北苑贡茶，很多人知道所谓前丁（丁谓）后蔡（蔡襄），其实有一个人才是真正的最高峰，这个人叫郑可简，是徽宗宣和年间的福建转运使。他在任上创制“银线水芽”，在茶芽里面再剔出其芯一缕，制成“龙园胜雪”。这是宋茶的最高峰，也是中国茶的最高峰。其原料之讲究，工艺之复杂，写《宣和北苑贡茶录》的熊蕃说是“旷古未之闻”。从古以来，别说听到，想都没想过！

不仅如此，郑大人还不断地创制、添制，品种花样翻新，产量不断增加，全方位的碾压之前的贡茶，以至于之前一茶难求的龙团凤饼，都变成了贡茶中的常品。这种人，这种事，只有在徽宗朝才会出现，很简单，上有所好啊。

茶这件事是这样，问题是徽宗眼光之高，爱好之广，基本上涉及所有的文化门类。各种“纲”（运输队）日夜不停地往返于各地和京城之间，社稷岂能不危险？

徽宗最后城破被俘，实在是自己种下的苦果，无论多少的“奸臣”也背不了这个锅。在宋人笔记中极言徽宗被俘之后的生活之惨，但这多少有点“政治正确”的意思，如果按那些说法，养尊处优的徽宗连一个月都挺不过去，怎么能过九年？实际上金人对徽宗还算过得去，无论是出于政治上还是文化上的考虑，都没有太难为他，日常生活是没问题的。

不管怎么说，屈辱总是免不了的。有一个流传已久的传说，说徽宗是南唐后主李煜的转世，是来祸害报复老赵家的，当然这个没法考证，说来是与不是又有什么关系。

我只是想，在北国漫天飞雪的日子里，徽宗还会煮水点茶吗？透过盏中的云蒸霞蔚，幻影婆娑，他会看见当年太清楼上那个七汤点茶的自己吗？

杯中的霜雪凝结，屋外的霜雪狂烈，几十年极致的繁华，千年巅峰的幻境，终归于寂灭。更与何人述说？只有如我这般的好事者，在故纸堆中找点话题，姑且与这个浮华却乏味的时代说几句梦呓罢。

宋　赵佶　听琴图

宋代经典茶书八种

本书收录的八本经典茶书，囊括了宋代茶学与茶文化的各个方面，也是全面的详注版本。

茗荈录[1]

陶穀[2]

[1] 茗荈录：原为陶穀所著笔记著作《清异录》中“茗荈”一节，后明人俞政编《茶书全集》时，去掉其中第一则（“十六汤品”，唐代苏虞作），改题“荈茗录”，收录其中。今仍用陶穀原名“茗荈录”。《清异录》是五代末至北宋初的大型笔记，题为陶穀所撰，保存了社会史和文化史诸多重要史料，多为后世采用。此书现存版本有文选楼《说郛》本，涵芬楼《说郛》本，《茶书全集》本等。

[2] 陶穀：（903—970）字秀实，邠州新平人（今陕西彬县），历后晋、后汉、后周入宋。《宋史》称其“强记嗜学，博通经史”，著《清异录》两卷。

龙坡[3]山子茶

开宝[4]中，窦仪[5]以新茶饮予，味极美。奁[6]面标云：“龙坡山子茶”。龙坡是顾渚[7]别境。

圣杨花[8]

吴僧梵川，誓愿燃顶[9]供养双林傅大士[10]。自往蒙顶[11]结庵种茶。凡三年，味方全美。得绝佳者圣杨花、吉祥蕊，共不逾五斤，持归供献。

汤社

和凝[12]在朝，率同列[13]递日[14]以茶相饮，味劣者有罚，号为“汤社”。

缕金耐重儿[15]

有得建州[16]茶膏[17]，取作耐重儿八枚，胶以金缕[18]，献于闽王曦[19]。遇通文之祸[20]，为内侍[21]所盗，转遗[22]贵臣。

［3］龙坡：地名，即今浙江长兴顾渚之龙坡。

［4］开宝：968—976年，北宋太祖赵匡胤的年号。按，窦仪于乾德四年（966）去世，不可能活动于开宝年间。而且《清异录》成书于开宝初年，有人据此认为，此条乃至此书非陶穀所做，此处亦可能为年号乾德之误，和是否陶穀所著并无必然关系。

［5］窦仪：（914—966），字可象，蓟州渔阳（今天津市蓟州区）人，五代后期至北宋初年大臣、学者。窦仪学问优博，颇为太祖所重，主持编撰《宋刑统》。

［6］奁：这里指装茶的小匣子。

［7］顾渚：在浙江省长兴县城西北部、顾渚山麓，村以山名，唐时产紫笋茶，列为贡品。

［8］圣杨花：一作圣阳花。

［9］燃顶：一种佛教供养方式，于头顶燃香火。

［10］傅大士：姓傅名翕，字玄风，号善慧。东阳郡乌伤县（今浙江义乌）人，居士，南朝禅宗祖师。大士为菩萨之翻名。创双林寺，又称双林傅大士，行化颇广，对后世禅宗影响甚大。

［11］蒙顶：一般指今四川雅安之蒙山，蒙山茶为唐代贡茶，有多种名品，冠绝一时，至明代湮灭不闻。此处是否为此蒙顶山，尚存疑问。

［12］和凝：（898—955），五代人，后梁进士、历仕后唐、后晋、后汉、后周。好文学，长于短歌艳曲，有宫词百首传

世，著《疑狱集》两卷，言历代断狱辨雪之事。

[13] 同列：指同僚。

[14] 递日：一天接一天。

[15] 缕金耐重儿：《宋朝事实类苑》："是时，国人贡建州茶膏，制以异味，胶以金缕，名'耐重儿'，凡八枚"，当时，北苑已为官焙，此盖为北苑之贡茶。缕金，言以金缕为装饰。耐重，本为佛教中作托举之势的罗刹，常见于座下、柱下。此茶膏以此命名，或指其工艺经过重压，未详。

[16] 建州：唐武德四年（621）置建州，治所在建安县（今福建建瓯市）。天宝元年（742）改为建安郡，乾元元年（758）复名建州。辖境相当于今福建南平以上的闽江流域（沙溪中上游除外）。北宋时辖境西北部及南部缩小，仅有今建瓯市以北的建溪流域及寿宁、周宁等县地。南宋绍兴三十二年（1162）升为建宁府。建州是宋代最为重要的高端茶产地，北苑贡茶即在建州。建州茶的兴起早在唐末，五代闽国时已初具规模，北苑即为贡茶。

[17] 茶膏：此处所指应该是制作极为精细的研膏茶，研膏茶始于唐末，兴盛于宋代。此研膏与后来熬制的茶膏有所不同。此亦为最早言及"茶膏"的文献之一。

[18] 胶以金缕：粘上金缕。

[19] 闽王曦：王延曦（？—944）闽太祖王审知少子，939—944年在位，《资治通鉴》称其为人"骄淫苛虐"，后为大臣所杀。

[20] 通文之祸：通文（936—939）是闽康宗王继鹏（王昶）的年

号，通文年间，王延曦尚未继位，此处恐误。通文之祸，或指王继鹏遇兵变被杀之事。结合《宋朝事实类苑》，上贡“耐重儿”应为通文年间，则前文“献于闽王”应为王继鹏。王继鹏弑父篡位，为人荒淫骄纵，在位四年。

[21] 内侍：官名，隋置内侍省，掌管宫廷内部事务，唐时皆以宦官充当。亦泛指在宫中供使唤之人。

[22] 遗：给予，馈赠。

乳妖

吴僧文了善烹茶。游荆南[23]，高保勉白于季兴[24]，延置紫云庵，日试其艺。保勉父子呼为汤神，奏授[25]华定水大师上人[26]，目曰[27]“乳妖[28]”。

[23] 荆南：唐、五代方镇名。至德二年（757）置，治所在荆州（后升为江陵府，今湖北荆州市荆州区故江陵县城）。辖境相当于今湖北石首、荆州市以西，四川垫江、丰都以东的长江流域及湖南洞庭湖以西的澧、沅二水下游一带。天祐二年（905）为朱全忠所并。三年（906）朱全忠以高季兴为荆南节度观察留后。五代梁开平元年（907），高季兴为荆南节度使。后唐同光三年（925）封南平王，称南平国，或荆南国。北宋初废。

［24］高保勉白于季兴：高季兴（858—929），原名高季昌，字贻孙，陕州硖石（今河南三门峡东南）人，五代十国时期小国南平（又称荆南）开国君主。高保勉，所指不详，《清异录·百果门》称荆南高保勉得到商人献的岭外龙眼，《实宾录》称保勉是季兴最喜爱的儿子。然高季兴的儿子皆用“从”字，“保”字皆为季兴孙辈，如何称父子？此处“保勉父子”不知所指，恐误。或保勉另有其人，未可知。

［25］奏授：授予官职、称号的一种方式。

［26］华定水大师上人：华定，一作华亭；上人，上德之人，对僧人的尊称。

［27］目曰：看作是。

［28］乳妖：从乳妖这一称呼看，可能文了之艺不仅仅是烹茶，也有点茶。烹茶虽然也有沫浡，但少且极难控制，只有点茶方可能产生种种变化。

清人树

伪闽[29]甘露堂[30]前两株茶，郁茂婆娑，宫人呼为“清人树[31]”。每春初，嫔嫱[32]戏摘新芽，堂中设“倾筐会”[33]。

玉蝉膏

显德[34]初，大理徐恪[35]见贻[36]卿信[37]铤子茶[38]，茶面印文曰：“玉蝉膏”，一种曰“清风使”。恪，建人[39]也。

[29] 伪闽：指闽国（909—945），是五代十国的十国之一，先后定都于长乐（今福建福州）、建州（今福建建瓯）。因其称帝为“僭号”，不为正统所承认，故称“伪”。

[30] 甘露堂：从上下文看，应该是闽国宫内的一处建筑。

[31] 清人树：从此称呼看，应该是比较高大的乔木品种。

[32] 嫔嫱：天子诸侯姬妾，泛指宫中女官。

[33] 此处亦可看出，这两株应该是高大的茶树，产量颇丰，否则难以成会。

[34] 显德：954—960年正月，五代后周太祖郭威年号（954）。世宗柴荣、恭帝柴宗训沿用（954—960）。三世凡七年。

[35] 大理徐恪：大理，本为秦汉之廷尉，掌刑狱，为九卿之一，北齐改称大理寺卿。徐恪，建州人，时为后周大理寺卿。生平不详，与陶穀同时。

[36] 见贻：见赠。

[37] 卿信：所指不详，或为人名，或为“乡（鄉）信”之误。后文言及徐恪是建州人，乡信似较合理。

[38] 铤子茶：一作锭子茶，一种条块状的茶，形态类似砖茶。铤：dìng，原指熔铸成条块的金银，亦用来指与此类似的一种压制茶。

[39] 建人：建州人，建州见前“缕金耐重儿”注释。

今日云南茶山高大的古茶树

森伯

汤悦[40]有《森伯颂》，盖茶也。方饮而森然[41]严于齿牙[42]，既久，四肢森然[43]。二义一名[44]，非熟夫汤瓯[45]境界者，谁能目之[46]？

水豹囊

豹革为囊[47]，风神呼吸之具也。煮茶啜之[48]，可以涤滞思[49]而起清风。每引此义，称茶为“水豹囊”。

---

[40] 汤悦：即殷崇义，南唐保大年间曾任枢密使，有文名，降宋后为避太祖讳，改名汤悦。撰《江南录》，又与李昉等人编《太平御览》。

[41] 森然：味纯正，有清冷之气。

[42] 严于齿牙：令口齿清冷。

[43] 四肢森然：四肢清爽通泰。

[44] 二义一名：齿牙、四肢，皆称森然，含义有所不同，故称“二义一名”。

[45] 汤瓯：此处代指茶。

[46] 目之：看到这一点。

[47] 豹革为囊：豹囊一般是作为装东西，尤其是装墨的袋子。豹皮囊作为风神呼吸之具，未详出典。

[48] 啜之：指喝茶。

[49] 涤滞思：涤除凝滞的思绪。

不夜侯

胡峤[50]《飞龙涧饮茶诗》曰："沾牙[51]旧姓余甘氏，破睡当封不夜侯。"新奇哉！峤宿学[52]雄才，未达[53]，为耶律德光[54]所虏北去，后间道[55]复归。

鸡苏佛

犹子彝[56]，年十二岁。予读胡峤诗，爱其新奇，因令效法之，近晚[57]成篇。有云："生凉好唤鸡苏[58]佛，回味宜称橄榄仙。"然彝亦文词之有基址[59]者也。

---

[50] 胡峤：原为五代后晋同州郃阳县令，后晋亡后为辽宣武军节度使萧翰掌书记，萧翰被杀后滞留契丹，后周太祖广顺三年，逃归中国，撰《陷虏记》，对研究契丹早期历史十分重要，原书已佚，散见他书。

[51] 沾牙：原指吃喝，此处指牙齿沾染（茶）的味道。

[52] 宿学：学识渊博、修养有素的学者。

[53] 达：显达有名望。胡峤才学过人，但只做过小官，后被虏契丹，归国后隐居不仕。

[54] 耶律德光：（902—947），字德谨，小字尧骨，辽太祖耶律阿保机次子，辽太宗，927—947年在位。南征后晋，于947年灭后晋，胡峤为耶律德光灭晋过程中所虏北上。

[55] 间道：偏僻的，抄近的小路。

[56] 犹子彝：犹子，指侄子。《礼记·檀弓上》："丧服，兄

弟之子，犹子也，盖引而进之也。”陶彝，生平不详。

[57] 近晚：傍晚。

[58] 鸡苏：草名，其味辛烈，除污秽邪恶之气。一说即水苏，一名龙脑薄荷（中医传统上以水苏与龙脑薄荷为一种，现在植物学上所指又不同）；一说即薄荷。宋苏轼《石芝》诗：“锵然敲折青珊瑚，味如蜜藕如鸡苏。”

[59] 基址：亦作“基趾”“基阯”，根基、基础。

冷面草

符昭远[60]不喜茶，曰：“此物面目严冷[61]，了无和美之态，可谓冷面草也。”

晚甘侯

孙樵[62]《送茶与焦刑部书》云：“晚甘侯十五人[63]遣侍斋阁[64]。此徒皆请雷而摘[65]，拜水而和[66]。盖建阳[67]丹山碧水之乡，月涧云龛之侣[68]，慎勿贱用之。”

---

[60] 符昭远：五代至宋初人，后周重臣符彦卿五子，官侍卫将军、御史、许州衙内指挥使。符家是权倾一时的望族，昭远的三个姐姐是分别为后周和北宋的皇后。符昭远是陶榖的朋友，《清异录》前面记载，陶榖赠其鸭卵及莲枝一捻红，昭远以诗报之。

[61] 严冷：严肃而冷峻，多形容人面目或性格。

[62] 孙樵：字可之，关东人，大中年间进士，授中书舍人，晚唐文学家，自编《经纬集》，收录其文。

[63] 晚甘侯十五人：指茶十五饼（份）。

[64] 遣侍斋阁：斋阁，书房。派遣到您的书房来服侍。

[65] 请雷而摘：当时有一种习俗是在采茶季节等天上打雷后开始采摘，这样有特殊的功效。如毛文锡《茶谱》记蒙顶茶："俟雷之发声，并手采摘，三日而止。若获一两，以本处水煎服，即能祛宿疾。二两，当眼前无疾。三两，固以换骨。四两，即为地仙矣。"

[66] 拜水而和：用祭拜而得的泉水来加工。毛文锡《茶谱》："湖州长兴县啄木岭金沙泉，即每岁造茶之所也。湖、常二郡，接界于此。厥土有境会亭，每茶节，二牧皆至焉。斯泉也，处沙之中，居常无水。将造茶，太守具仪注，拜敕祭泉，顷之，发源，其夕清溢。造供御者毕，水即微减，供堂者毕，已半之。太守造毕，即涸矣。"

[67] 建阳：西晋太康中改建平县置，因在武夷山之阳为名（《太平寰宇记》）。治今福建省建阳区东北。属建安郡。隋移今县。开皇十年（590）并入建安县。唐武德四年（621）复置。八年废。垂拱四年（688）又置。属建州。南宋属建宁府。景定元年（1260）改为嘉禾县。五代至宋建阳虽声名为建安北苑所掩，亦为重要茶产地，毛先舒《南唐拾遗记》载南唐时建阳即有贡茶"油花子"。

[68] 丹山碧水之乡，月涧云龛之侣：武夷山风景秀丽，故有

"碧水丹山"之誉，南朝江淹《江文通集》卷十《自传序》载："地在东南峤外，闽越之旧境也。爰有碧水丹山，珍木灵草，皆淹平生所至爱，不觉行路之远矣"。此为"碧水丹山"称武夷风景之始。产于丹山碧水之地、与月涧云龛为伴，故得钟灵。

生成盏

馔茶[69]而幻出物像于汤面者，茶匠[70]通神之艺也。沙门[71]福全生于金乡[72]，长于茶海，能注汤幻茶[73]，成一句诗，并点四瓯，共一绝句，泛乎汤表[74]。小小物类[75]，唾手[76]办耳。檀越[77]日造门[78]求观汤戏，全自咏曰："生成盏里水丹青[79]，巧画工夫学不成。欲笑当时陆鸿渐[80]，煎茶赢得好名声。

---

[69] 馔茶：准备茶，通过某种方式来制作要喝的茶，如泡茶、煮茶、点茶等。

[70] 茶匠：在茶方面技艺高明的人。

[71] 沙门：出家修道者。

[72] 金乡：金乡县，东汉析东缗县置，属山阳郡。治所在今山东嘉祥县南四十里阿城埠。以县西北金乡山得名。西晋属高平国。南朝宋属高平郡。北魏移治东缗县城（今金乡县）。隋属济阴郡。唐属兖州。五代属济州。

[73] 注汤幻茶：这里和下文的茶百戏属于五代至宋的一种独特的茶技艺，在宋代亦被称为“分茶”（按，分茶有时也指普通的点茶）。是指在注汤过程中利用高超的手法于盏面形成独特的图案。

[74] 按，以普通盏之大小，容纳一句诗十分不易。汤面幻象，稍纵即逝，能形成并保持四句诗于四盏之中，更是难以想象。

[75] 物类：万物，这一类物。

[76] 唾手：言极容易。

[77] 檀越：来自梵语Dānapati，施主。

[78] 造门：上门，登门。

[79] 丹青：红色和青色的颜料，借指绘画。

[80] 陆鸿渐：陆羽（733—804），字鸿渐，复州竟陵（今湖北天门）人。撰世界上第一部茶叶专著《茶经》，影响极大，被后世尊为茶圣。陆羽学识博洽，另有多种著作，今不传。

茶百戏

茶至唐始盛。近世有下汤运匕[81]，别施妙诀，使汤纹水脉[82]成物象者，禽兽虫鱼花草之属，纤巧如画。但须臾即就散灭。此茶之变也，时人谓之茶百戏[83]。

漏影春

漏影春法，用镂纸[84]贴盏，糁茶[85]而去纸，伪为花身[86]；别以荔肉为叶，松实、鸭脚[87]之类珍物为蕊，沸汤点搅。

[81] 下汤运匕：演示“茶百戏”的两种关键方法：注水和用茶匙搅动。匕，这里指茶匙。五代宋初，击拂多用茶匙，参见本书《茶录·茶匙》。后渐改用茶筅。

[82] 汤纹水脉：注水运匕时茶汤和水形成的纹路。

[83] 茶百戏：按，百戏为古代乐舞杂技之总称。这里所称茶百戏，有两层含义，一个是指其丰富，所谓禽兽虫鱼花草皆能呈现。亦言其幻象须臾即灭，犹如戏法幻术。

[84] 镂纸：这里指剪成花纹的镂空之纸。

[85] 糁茶：把茶粉洒在上面。糁，洒落（粉状、粒状的东西）。

[86] 伪为花身：（拿掉纸之后）就形成了一个假花形状。

[87] 鸭脚：银杏的果实。

甘草癖

宣城[88]何子华[89]邀客，酒半，出嘉阳严峻[90]画陆鸿渐像。子华因言：“前世惑骏逸者[91]为马癖[92]，泥贯索者[93]为钱癖[94]，耽于子息者[95]为誉儿癖[96]，耽于褒贬者为《左传》癖[97]。若此叟者，溺于茗事，将何以名其癖？”杨粹仲[98]曰：“茶至珍，盖未离乎草也。草中之甘，无出茶上者。宜追目[99]陆氏为甘草癖。”坐客曰：“允矣哉[100]！”

[88] 宣城：宣城县，隋开皇九年（589）改宛陵县置，为宣

州治。治所即今安徽省宣州区。以旧郡为名。南宋为宁国府治。

[89] 何子华：生平不详，《清异录·居室门》载其有四株古橙树，于是在其对面建“剖金堂”，橙子熟的时候与大家分享。“剖金”即指橙子熟时剖而食之。

[90] 嘉阳严峻：生平不详。

[91] 惑骏逸者：迷恋良马者。骏逸，指良马。

[92] 马癖：前世可称马癖者有西晋王济，王济懂马爱马，杜预称其有“马癖”。

[93] 泥贯索者：执着于金钱者，贯索，指钱串。

[94] 钱癖：前世可称钱癖者西晋和峤，和峤家资巨富，但十分吝啬。马癖，钱癖的称呼都是来自杜预。《晋书》卷三十四《杜预列传》：“预常称济（王济）有马癖，峤（和峤）有钱癖。武帝闻之，谓预曰：‘卿有何癖？’对曰：‘臣有《左传》癖。’”

[95] 耽于子息者：沉溺于子嗣者。

[96] 誉儿癖：出自三国虞翻，《太平御览》卷四百九十引三国吴虞翻《书》：“虽虾不生鲤子，此子似人，欲为求妇，不知所向，君为访之，勿怪老痴誉此儿也。”誉，称赞。

[97] 《左传》癖：指西晋杜预，见前“马癖”，“钱癖”条。

[98] 杨粹仲：生平不详。

[99] 追目：（把他）跟着看作是。目，看作是。

[100] 允矣哉：（这真是）很公正啊。

苦口师

皮光业[101]耽茗事[102]。一日，中表[103]请尝新柑，筵具殊丰[104]，簪绂丛集[105]。才至，未顾尊罍[106]而呼茶甚急，径进[107]一巨瓯。题诗曰："未见甘心氏，先迎苦口师。[108]"众噱[109]曰："此师固清高，而难以疗饥也。"

---

[101] 皮光业：字文通，五代吴越文学家。襄阳人，生于苏州，诗人皮日休之子。年少即有诗名，先为吴越王钱镠幕僚，后吴越国创立，拜为丞相。著有《皮氏见闻录》13卷，《妖怪录》5卷，亦有诗文传世。

[102] 耽茗事：沉溺于茶事。

[103] 中表：指与父、祖父姐妹之子女或母、祖母兄弟姐妹其子女之亲戚关系。

[104] 筵具殊丰：酒席丰盛。

[105] 簪绂丛集：达官显贵聚集在一起。簪绂：冠簪和缨带。古代官员服饰。亦用以喻显贵，仕宦。

[106] 尊罍：泛指酒器。

[107] 径进：径直呈上。

[108] 按，此二句收入于《全五代诗》卷七十三。"甘心氏"指上文说的柑，"苦口师"指茶。

[109] 噱：大笑。

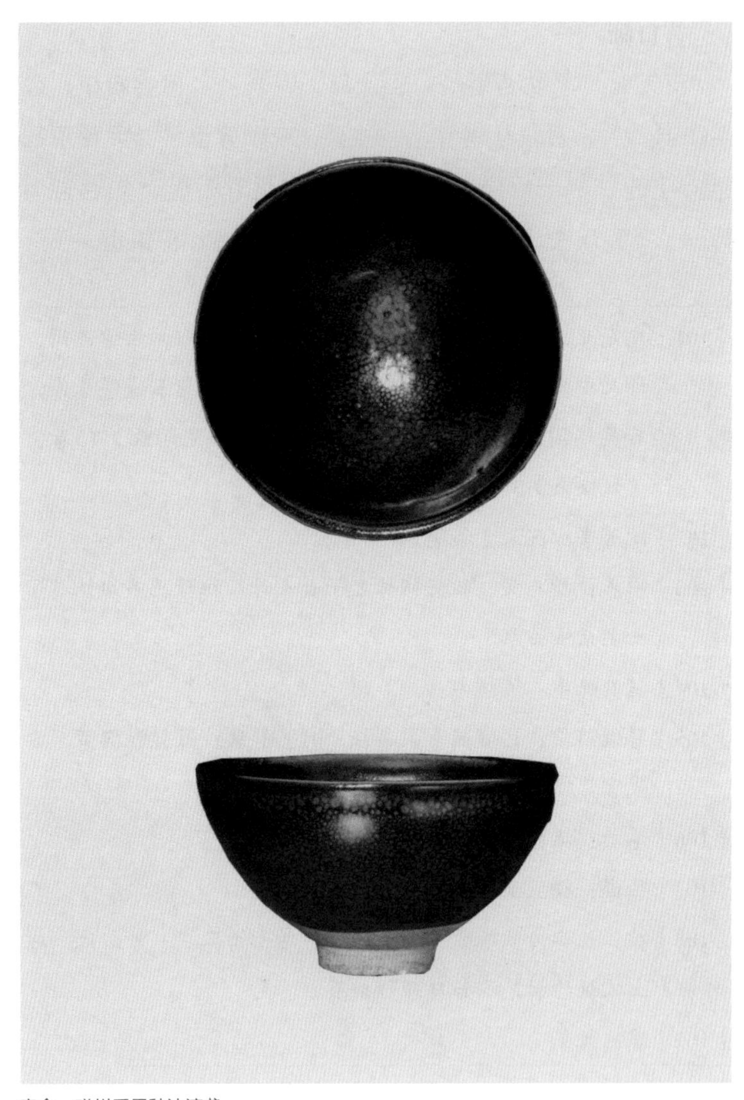

宋金　磁州系黑釉油滴盏

宋　磁州窑柿釉茶盏

宋金　磁州系铁锈斑盏

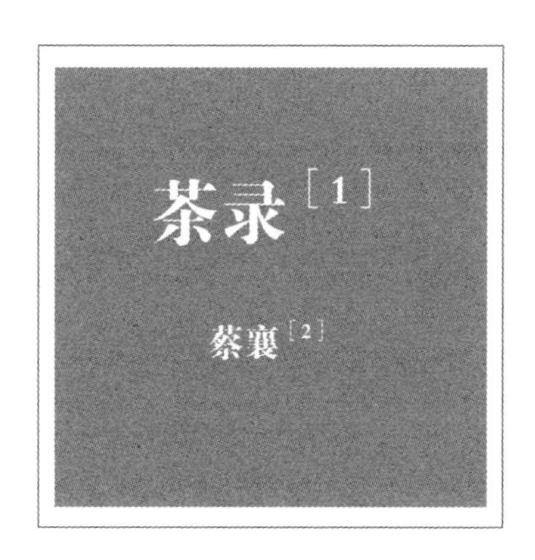

茶录[1]

蔡襄[2]

[1]《茶录》：作者感叹陆羽时代对建安茶的不了解以及丁谓《茶图》的局限，为了向仁宗全面介绍北苑贡茶而写作此书。是宋代茶学第一次全面总结之作，也是最为重要的茶书之一。原书作于皇祐三年（1051），刻石于治平元年（1064），今存多种拓本，最早为北宋拓本。传世版本十余种，以《左氏百川学海》本较古。

[2]蔡襄：（1012—1067），字君谟，兴化军仙游县（今枫亭镇青泽亭）人，为官三十余年，在中央与地方各处任上皆颇有政绩，累赠少师，谥号“忠惠”。蔡襄为北宋书法大家，时誉甚隆，为宋四家之一，对后世影响颇大。著有《茶录》，为茶学经典，又有《荔枝谱》为农学重要资料。蔡襄本为福建兴化军人，素知茶事，任福建转运使时，负责监制北苑贡茶，提升贡茶品质与产量，创制小龙团等新品，《茶录》为应仁宗询问而作。

序

朝奉郎右正言同修起居注[3]臣蔡襄上进。

臣前因奏事，伏蒙陛下谕[4]，臣先任福建转运使[5]日所进上品龙茶[6]最为精好。臣退念[7]草木之微，首辱陛下知鉴[8]，若处之得地，则能尽其材。昔陆羽《茶经》，不第[9]建安[10]之品；丁谓《茶图》[11]，独论采造之本，至于烹试，曾未有闻。臣辄条[12]数事，简而易明，勒[13]成二篇，名曰《茶录》。伏惟[14]清闲之宴[15]，或赐观采[16]，臣不胜惶惧荣幸之至。谨叙。

[3] 朝奉郎右正言同修起居注：朝奉郎、右正言、同修起居注皆官职名。朝奉郎，文散官名。原为隋置散官朝议郎。唐贞观中列入文散官。宋因之，开宝九年十月改朝议郎为朝奉郎，属宋前期文散官二十九阶之第十四阶。正六品上。右正言，宋太宗端拱初改中书省右拾遗为右正言，掌规谏讽谕。同修起居注，简称“修注”，史官，隶起居院。北宋淳化五年置起居院，设掌起居郎事、掌起居舍人事，记录皇帝言行。其后，赴起居院修起居注之差遣，称“同修起居注”。

［4］谕：指上对下的文告或指示。

［5］转运使：官名。唐朝置，掌粮食财货的转运，有都转运使和转运使，职务大体相同。见《新唐书·食货志三》。宋朝有都转运使、转运使，掌经度一路或数路财赋，并有督察、刺举地方官吏的权力；后兼理边防、治安、钱粮，成为州府以上的一级行政长官。见《宋史·职官七·都转运使》。蔡襄于庆历六年（1046）于福州知州改任福建转运使，庆历八年（1048），因父亲去世而离职。

［6］龙茶：宋代贡茶，产于建州北苑官焙。因团饼表面饰有龙纹图案而得名。有大龙、小龙两种，又称龙团。丁谓《北苑焙新茶》诗云："北苑龙茶者，甘鲜的是珍"；"带烟蒸雀舌，和露叠龙鳞"；"年年号供御，天产壮瓯闽"。此即大龙茶。宋代蔡襄《北苑十咏·造茶》（题注："其年改造新茶十斤，尤极精好，被旨号为上品龙茶，仍岁贡之。"）此即小龙团，为蔡襄所创。

［7］退念：回去之后想到。

［8］辱陛下知鉴：（草木之类的小事）令陛下知鉴受辱，表示对皇帝的尊崇。

［9］第：排次序，评定。

［10］建安：建安县，东汉建安初分侯官县置，为会稽郡南部都尉治。治所在今福建建瓯市南，松溪南岸。三国吴为建安郡治。南朝宋元嘉元年（424）移治松溪北岸黄华山西（即今建瓯市）。陈又徙松溪南岸，覆船山北。祯明元年（587）复移今建瓯市。唐初为建州治。天宝元年（742）

为建安郡治，乾元元年（758）复为建州治。南宋绍兴三十二年（1162）与瓯宁县同为建宁府治。五代宋为最重要贡茶产地，北苑官焙所在地。

[11] 丁谓《茶图》：丁谓，（966—1037），字谓之，后更字公言，两浙路苏州府长洲县人。真宗朝同中书门下平章事（宰相），丁谓学识渊博，多才多艺，能力过人，但一味媚主争权，陷害他人，被列为“佞臣”。宋真宗咸平年间，丁谓任福建路转运使，提高贡茶质量和数量并增加品种，促进了贡茶发展。丁谓曾作《北苑茶录》，亦名《建安茶录》，亦作《建阳茶录》（恐误）。宋沈括《梦溪笔谈》：“丁晋公为《北苑茶录》云……”宋熊蕃《宣和北苑贡茶录》：“至咸平初，丁晋公漕闽，始载之于《茶录》。” 丁谓《北苑焙新茶》序：“皆载于《建安茶录》，仍作诗以大其事。”晁公武《郡斋读书志》：“谓咸平中为闽漕，监督州吏，创造规模，精致严谨。录其园焙之数。图绘器具，及叙采制入贡法式。”由上可知，《茶图》，概为丁谓《北苑茶录》之异名或一部分。此书已佚，从散见于他书的条目来看，并非仅限于采造，也有其他内容。

[12] 条：分列条目。

[13] 勒：刻于石上。或指成书。

[14] 伏惟：表示伏在地上想，下对上陈述时的表敬之辞。

[15] 清闲之宴：闲暇无事（之时）。

[16] 观采：亦作“观採”，观看采择，观赏采取。

上篇　论茶

色

茶色贵白[17]，而饼茶多以珍膏[18]油其面，故有青黄紫黑[19]之异。善别茶者，正如相工[20]之视人气色也，隐然[21]察之于内，以肉理[22]润者为上，既已末之[23]。黄白者受水[24]昏重，青白者受水鲜明[25]，故建安人斗试，以青白胜黄白。

---

[17] 茶色贵白：这里一方面是从斗茶的角度来说的，白色斗茶的观赏效果更好。另一方面和当时的审美与祥瑞文化有关，《大观茶论》推崇稀有的“白茶”也是这个道理。

[18] 珍膏：指沉香龙麝等香料膏油，以膏油涂面的做法，称为“蜡茶”。蜡茶唐已有之，宋代高端茶中常见。调配得当的珍膏能助发香气，不得当的则会起负面作用。宋张扩《清香》诗：“北苑珍膏玉不如，清香入体世间无。若将龙麝污天质，终恐薰莸臭味殊。”表面涂膏油往往令人难以察觉内质，故蔡襄言及需透过表面看其本质。苏轼《次韵曹辅寄壑源试焙新芽》：“要知冰雪心肠好，不是膏油首面新。”亦用此意。

[19] 青黄紫黑：所加香料不同，经过加工，故有颜色之异。

[20] 相工：指以相术供职或为业的人，相面者。

[21] 隐然：隐隐约约。

[22] 肉理：指肉的质地。善相者看的是内在的质地，而不是表面皮肤的光亮。

[23] 末之：磨成粉末。

[24] 受水：与水融合，及与水融合的效果。

[25] 昏重、鲜明：这里是从斗茶的效果来说的，黄白者杀青较熟，茶粉入水搅拌起沫，颜色发暗，不如青白茶鲜明。黄儒在《品茶要录》里面认为从滋味来说，黄白更好一些。

香

茶有真香，而入贡者微以龙脑和膏[26]，欲助其香。建安民间试茶，皆不入香，恐夺其真[27]。若烹点之际，又杂珍果香草[28]，其夺益甚，正当不用。

[26] 龙脑和膏：龙脑是加工龙脑香树的树脂、膏液，或蒸馏提炼枝叶而得到像樟脑的结晶物质（也称为冰片），有清凉气味。可制香料，也可入药。宋代所称龙脑，大多是指龙脑树的干树脂。以龙脑和膏，是因为龙脑有通窍挥发之功，可以使茶香更有穿透力。《香乘》引《华夷草木考》："龙脑其清香为百药之先，于茶亦相宜，多则掩茶气味。万物中香无出其右者。"

[27] 夺其真：破坏本来的茶香。

[28] 珍果香草：在煎茶和点茶的同时加入的东西大概分为两类：一类为干果、果干，如松实、鸭掌等；一类为香草，如鸡苏、蘼芜等；这两类加什么，加多少，如何搭配，学问甚大，参见黄庭坚《煎茶赋》。此处从品茶本身香气的角度，蔡襄认为不可取。但从一般饮用和保健的角度，亦无不可。

味

茶味主于甘滑[29]，惟北苑凤凰山[30]连属诸焙所产者味佳。隔溪诸山[31]，虽及时加意制作，色味皆重[32]，莫能及也。又有水泉不甘，能损茶味[33]。前世之论水品者[34]以此。

---

[29] 甘滑：是宋代评茶的重要标准，宋代点茶和现在泡散茶的汤感不同，更加厚重细腻，富于质感。宋徽宗《大观茶论·味》："夫茶以味为上，香、甘、重、滑，为味之全，惟北苑壑源之品兼之。"

[30] 凤凰山：凤凰山是建州北苑贡茶的核心产地。位于今建瓯市东峰镇。《苏轼文集》卷七〇《题跋·书凤味砚》："建州北苑凤凰山，山如飞凤下舞之状。"宋子安《东溪试茶录·序》云："丁谓亦云，凤山高不百丈，无危峰绝巘，而岗阜环抱，气势柔秀，宜乎嘉植灵卉之所发也。……近蔡公亦云：唯北苑凤凰山连属诸焙所产者味佳。故四方以建茶为目，皆曰北苑。"

[31] 隔溪诸山：指建溪东溪对面的茶园，凤凰山在建溪之北，其他茶园大多在建溪之南。《东溪试茶录》详列其名。

[32] 色味皆重：其时风尚，色喜洁白，味喜清雅，若颜色口感偏重，则等而下之。

[33] 能损茶味：天然水内含物质复杂，如果选用不当，会对茶味有明显影响。

[34] 前世之论水品者：之前论述品茶之水的，除了《茶经·五

之煮》的部分内容，还有有唐张又新《煎茶水记》，其中又引刘伯刍和陆羽之观点。唐代还有苏廙《十六汤品》，不过是讲烹茶之水的火候手法器皿之类，与此无大关联。宋代则有叶清臣《述煮茶泉品》，欧阳修《大明水记》，或因袭旧说，或籍发议论，大体上还是前代观点。

藏茶

茶宜蒻叶[35]而畏香药[36]，喜温燥而忌湿冷[37]，故收藏之家以蒻叶封裹入焙[38]中，两三日一次，用火常如人体温温[39]，以御[40]湿润，若火多则茶焦不可食。

［35］蒻叶："蒻"亦作"箬"，箬叶指箬竹之叶，大而宽，可用来编笠或包粽。一作"蒻"，用来包茶亦指箬竹叶。箬亦作竹笋壳解，《说文》："箬，楚谓竹皮曰箬。" 不仅是藏焙，运送和平时的包装也常用蒻箬/叶，如欧阳修《尝新茶呈圣俞》："建安太守急寄我，香蒻包裹封题斜。"又陆游《初春书怀七首·其四》："箬护新茶带胯方。"从包茶的角度来看，笋壳不夺茶香，自然说得通，如今日普洱茶者。不过宋人常称"青箬""翠箬""箬叶"，似乎又以前一种解释为当。

［36］畏香药：香药，香料、有香味的药物。宋代香药贸易繁盛，远超前代，已进入一般百姓生活。茶叶有吸附性，有气味的东西皆不宜共存。

[37] 喜温燥而忌湿冷：茶叶贮藏的温湿度十分重要，不同茶类所需的条件不尽相同。在自然状态下，总体来说温燥的环境要好于湿冷的环境，对宋茶来说尤其如此。

[38] 焙：指本书“下篇”的茶焙。

[39] 温温：和暖貌。

[40] 御：抵挡。

炙茶

茶或经年，则香、色、味皆陈。于净器中，以沸汤渍之[41]，刮去膏油一两重乃止[42]，以钤箝之[43]，微火炙干，然后碎碾。若当年新茶，则不用此说。[44]

---

[41] 以沸汤渍之：用开水浸泡它。从上下文来看，以去表面膏油为度，浸渍不可过久。

[42] 刮去膏油一两重乃止：这是要把表面吸附变化的部分去除，这一部分品质下降较大，相对来说，内部的品质变化没有这么大。

[43] 以钤箝之：钤，一种金属焙茶工具，类似钳子，见下文“论茶器·茶钤”。箝：同钳。

[44] 这里的炙茶指的是存储一年以上的茶，经过热水浸泡，刮去膏油，然后炙干。当年的新茶所用的是上文“藏茶”条的办法，以较低温度焙干，保持其含水率，比炙用的火温要低一些。

碾茶

碾茶，先以净纸密裹椎碎[45]，然后熟碾[46]。其大要，旋碾则色白[47]，或经宿则色已昏[48]矣。

罗茶

罗细则茶浮，粗则水浮[49]。

候汤[50]

候汤最难，未熟则沫浮，过熟则茶沉[51]，前世谓之蟹眼[52]者，过熟汤也，况瓶中煮之不可辩[53]，故曰候汤最难。

---

[45] 先以净纸密裹椎碎：这里是先初步敲碎成小块。

[46] 熟碾：仔细碾，程度深的碾。

[47] 旋碾则色白：刚碾好的颜色是白色的，因为此时尚未经过氧化反应，故而斗试都是现碾现点。

[48] 经宿则色已昏：茶本身的多酚类物质经过空气氧化，颜色会变深（茶色素），口感也会随之变化，斗试所不取。

[49] 罗细则茶浮，粗则水浮：茶末细易于浮起，过粗则易于沉底。点茶是需要避免茶叶沉底的，茶和水要较好的融合，即所谓茶要“发立”，所以茶末要细，比唐代要细得多，除了茶碾，后来还有茶磨等工具。需要注意的是，蔡襄时代，所用的搅拌工具是茶匙，和后来的茶筅在手法和茶汤表现上有所不同。

[50] 候汤：指判断水的烧开程度。

[51] 未熟则沫浮，过熟则茶沉：水烧开程度不够的时候，茶沫聚集于表面，水烧过开的时候茶末下沉。这些都不是理想的“发立”，即茶汤完美融合的状态。

[52] 蟹眼：指水在烧开的过程中从底部冒出的气泡，根据气泡从小到大，可称为蟹眼、鱼眼、牛眼等等。蟹眼的时候，温度尚低，大约80—85度，对于煮茶或者泡茶来说，并不算高，但是对于点茶来说，温度还是高了，所以说是“过熟汤”。

[53] 瓶中煮之不可辩：宋代煮水的瓶都是不透明的，而且腹大口小，无法查看水烧开的情况，基本要靠辨声和其他相关经验来做出判断。所以说“候汤最难”。

熁盏[54]

凡欲点茶，先须熁盏令热，冷则茶不浮[55]。

点茶

茶少汤多，则云脚散[56]；汤少茶多，则粥面聚[57]。建人谓之“云脚”“粥面”。

钞[58]茶一钱匕[59]，先注汤调令极匀[60]，又添注之，环回击拂[61]，汤上盏可四分则止[62]，视其面色鲜白，著盏无水痕[63]为绝佳。建安斗试，以水痕先者为负，耐久者为胜。故较胜负之说，曰相去一水、两水[64]。

[54] 熁盏：熁，音xié，烤。

[55] 冷则茶不浮：茶汤冷却，水分子运动趋缓，导致茶粉逐渐下沉。

[56] 云脚散：云脚指云端、云层的边缘，如白居易《钱塘湖春行》："孤山寺北贾亭西，水面初平云脚低。"点茶表面的沫浡近于白色，与云相似。当水多茶少的时候，少量的沫浡难以持续，边缘逐渐散开，故称云脚散。"云脚散"在建州也简称为"云脚"，意指一种不成功的点茶方式。但亦有取其雅趣，单言云脚，未必言其失误，只是言表面的沫浡。如梅尧臣《宋著作寄凤茶》："云脚俗所珍，鸟嘴夸其众。"张商英《留题惠山泉》："乳头云脚盖盏面，吸嗅入鼻消睡眠。"在后世，甚至"云脚散"本身也有了佳境易逝的风雅意味，如元好问《赠任丈耀卿》："茶灶漫煎云脚散，莲舟清啸月波凉。"

[57] 粥面聚：当茶所占比例较大的时候，茶水融合后表面黏稠类似于粥的表面，粥面这个词本身在宋茶中是指点茶表面的效果，并没有不好的意味，蔡襄这里所言的粥面聚是指过于浓稠的效果，与后世的用法略有不同。参见《东溪试茶录》《大观茶论》"粥面"条。

[58] 钞：取，亦作"抄"。

[59] 钱匕：古代量取药末的器具名。原指用汉代的五铢钱币量取药末至不散落者为一钱匕。一钱匕约今五分六厘，合2克（一说1.2—1.8克）。但实际上，宋代通常的一钱匕比这要大一些，一说为3.75克，这从宋代医方配料用量可得佐

证。有时亦泛指一勺，因为有以一钱匕为量的勺。这里根据宋代茶盏大小和相关记载，2克失之过少，应为3.75克或略大。

[60] 按，此为第一步，先用少量水将茶粉调成膏。

[61] 环回击拂：环回，回旋反复，击拂：本意为击打，这里指点茶的专用手法。

[62] 汤上盏可四分则止：茶汤占到茶盏的十分之四就可以了。留出较大的空间，一是为了便于击拂的操作，而是技法纯熟者可以打出大量的茶沫，需要留有空间。一说为距盏上沿十分之四，与行文习惯有所不合。

[63] 水痕：这里的水痕指的是茶汤的边界（与盏接触的一圈），点茶时表面为浓厚的沫浡覆盖，看不到茶汤的边界，随着沫浡的破灭减少，逐渐露出茶汤的边界。

[64] 一水、两水：指的是露出水痕的时间长短是一倍、两倍。

下篇　论茶器

茶焙[65]

茶焙编竹为之，裹以箬叶。盖其上，以收火[66]也；隔其中，以有容也。纳火其下，去茶尺许，常温温然[67]，所以养茶色香味也。

[65] 茶焙：唐宋时茶焙有二种，一种为制茶时烘茶所用，如陆羽《茶经》所载："凿地深二尺，阔二尺五寸，长一丈，上作短墙，高二尺，泥之。"皮日休《茶焙》诗："凿彼碧岩下，恰应深二尺。泥易带云根，烧难碍石脉。初能燥金饼，渐见干琼液。九里共杉林（自注：皆焙名），相望在山侧。"宋代则为"过黄"时所用，参见《东溪试茶录·过黄》。另一种为存茶、养茶、干燥之用，参见《茶具图赞·韦鸿胪》。蔡襄所指为后者。二者主要在于火力与工艺不同，所用器具未必完全不同，今日传统乌龙茶的焙火中，仍然保留了类似的器具。

　　由前一种用法，茶焙又引申为制茶之场所。宋子安《东溪试茶录·总叙焙名》引丁谓《北苑茶录》云："官私之焙千三百三十有六，而独记官焙三十二。"

[66] 收火：控制、约束火势。通过上面加盖减少氧气供给，从而让火势不至过大。

[67] 温温然：和暖，不冷亦不过热。过热会让茶过快失去水分，同时香气物质大量流失，接近或略高于体温，保持干燥即可。这里的茶焙作为日常的存茶干燥设备，温度尤其不宜高。

茶笼

茶不入焙者，宜密封[68]，裹以箬，笼盛之[69]，置高处，不近湿气[70]。

[68] 宜密封：密封有几个好处，一是防止内涵物质扩散流失，尤其是易挥发的香气物质；二是保持湿度稳定，防止发霉或者过于干燥；三是避免异味影响。

密封又可分为不同程度，这里是普通的密封，如果是更严格的密封，可以用漆器。宋徽宗《大观茶论》："焙毕，即以用久竹漆器中缄藏之；阴润勿开，如此终年再焙，色常如新。"除了漆器还有其他多种材质，对于茶饼和茶粉亦有所不同，参见书前的文章。

[69] 此句有二种断法，一种为"宜密封裹，以蒻笼盛之。"亦可说通。从宋时的一般做法，茶平时都是以蒻叶包裹的，至于笼的材质似没有强调必须为蒻。故采用文中这种断句。

[70] 不近湿气：当时的这种方式对湿气的屏蔽作用十分有限，还是需要注意环境中的湿度。

砧椎[71]

砧椎，盖以碎茶[72]，砧以木为之，椎或金或铁，取于便用。

茶钤[73]

茶钤屈金铁[74]为之，用以炙茶。

茶碾[75]

茶碾以银或铁为之，黄金性柔，铜及鍮石[76]皆能生鉎[77]，不入用。

[71] 砧椎：砧是捶、砸或切东西的时候，垫在底下的器具，如砧板。椎是捶击的工具，今日潮汕地区捣茶的工具仍有茶椎。

[72] 盖以碎茶：砧椎是初步碎茶的工具，把茶椎为小块。即上文“碾茶”条“先以净纸密裹椎碎”。

[73] 茶钤：炙茶时用来夹茶的工具。在陆羽《茶经》中类似的工具称为“夹”，是用竹子做的。参见陆羽《茶经·四之器》。

[74] 金铁：铜铁、或泛指金属、或单指铁。结合上下文，这里可能是第一种。

[75] 茶碾：将椎碎的茶碾成茶粉的工具。

[76] 鍮石：即现代意义上的黄铜，铜与炉甘石（菱锌矿）共炼而成。前面称的“铜”是指青铜。

[77] 鉎：音shēng，锈。

茶罗[78]

茶罗以绝细为佳，罗底用蜀东川鹅溪画绢[79]之密者，投汤中揉洗以幂[80]之。

茶盏

茶色白，宜黑盏[81]。建安所造者绀[82]黑，纹如兔毫[83]，其坯微厚[84]，熁[85]之久热难冷，最为要用[86]。出他处者[87]，或薄或色紫，皆不及也。其青白盏，斗试家自不用[88]。

[78] 茶罗：将碾磨后的茶末过筛的茶具，碾的茶粉大小不一，要保证点茶效果，茶粉需要细匀，茶罗必不可少。唐代亦有此器，陆羽《茶经·四之器》云："罗合，罗末以合盖贮之，以则置合中。用巨竹剖而屈之，以纱绢衣之。"相对而言，宋代因为点茶的兴起，对罗的要求更高，更细。所以"以绝细为佳"。

[79] 东川鹅溪画绢：东川鹅溪，地名，北宋置，属盐亭县。在今四川盐亭县北八十里鹅溪村，以产绢著名。苏轼《东川清丝寄鲁冀州戏赠》："鹅溪清丝清如冰。"宋时鹅溪绢常用来做茶罗，毛滂《蝶恋花·送茶》："素手转罗酥作颗。鹅溪雪绢云腴堕。"

[80] 幂：覆盖。

[81] 宜黑盏：宋代的制茶与点茶方式导致产生的沫浡为白色，黑色更能衬托茶色，故宋代黑色茶盏较多，尤其在斗茶兴盛的建安地区。

[82] 绀：音gàn，黑中微微泛红之色。

[83] 纹如兔毫：兔毫是建盏之中的名品，黑釉系统的结晶釉中含铁及少量磷酸钙。晶态带丝毛状，闪银光，如兔毫，故而得名。宋祝穆《方舆胜览》："兔毫盏，出瓯宁。"赵佶《大观茶论》："盏色贵青黑，玉毫条达者为上。"兔毫以建阳窑最为著名，其他地方也有烧制。

[84] 其坯微厚：从现存建盏来看，的确较普通瓷盏的胎更厚，有很多超过半厘米，甚至接近一厘米。

[85] 熁：音xié，烤。

[86] 要用：适用、好用。

[87] 出他处者：除了建窑，宋代烧黑釉盏的窑口非常多。不仅有吉州窑这种独树一帜的名窑，与吉州同在江西的婺州窑，以及北方的耀州窑、定窑、磁州窑等名窑都有烧制，其他还包括四川、河南、山西的一些窑口。其中以建窑最为著名。正如此文所说，黑盏的兴起与点茶的需求以及建窑的引导有很大关系。

[88] 斗试家自不用：宋代烧制青白色茶盏的窑口非常多，名贵品种并不少见。作为专业斗茶的人士来说，是不合用的，但是并不影响一般人饮茶使用。

茶匙[89]

茶匙要重，击拂有力。黄金为上，人间[90]以银铁为之。竹者轻，建茶不取[91]。

[89] 茶匙：茶匙在唐代主要是量茶的器具，陆羽《茶经·四之器》："则，以海贝、蛎蛤之属，或以铜、铁、竹、匕、策之类。则者，量也，准也。"这里的茶匙则是点茶时搅拌击拂的器具。这个功能后来逐渐被茶筅取代，参见宋徽宗《大观茶论·筅》。

[90] 人间：民间。

[91] 建茶不取：对于茶匙来说，击拂需要有力，竹制品难于发力，所以不好用。后来茶筅操作的原理与此不同，多用老竹。

汤瓶[92]

瓶要小者易候汤[93]。又点茶注汤有准[94]。黄金为上，人间以银铁或瓷石为之。

[92] 汤瓶：点茶时烧水的水壶，亦称执壶、注子。和唐时相比，宋代的汤瓶在器型上有所变化，尤其壶流曲长、壶嘴圆小，更加适应点茶注水的需求。参见《大观茶论·瓶》。

[93] 瓶要小者易候汤：瓶小加热和冷却都更快，可以随时调整，所以说其“易候汤”。

[94] 这句是说汤瓶也要点茶注汤精准的，这主要是由流和嘴控制的。流与嘴的形制参见《大观茶论·瓶》。

后序

臣皇祐[95]中修起居注，奏事仁宗皇帝，屡承天问[96]以建安贡茶并所以试茶之状。臣谓论茶虽禁中[97]语，无事于密[98]，造《茶录》二篇上进。后知福州[99]，为掌书记[100]窃去藏稿[101]，不复能记。知怀安县樊纪[102]购得之，遂以刊勒[103]，行于好事者[104]，然多舛谬[105]。臣追念先帝顾遇[106]之恩，揽[107]本流涕，辄加正定[108]，书之于石，以永其传[109]。治平元年[110]五月二十六日，三司使给事中[111]臣蔡襄谨记。

[95] 皇祐：宋仁宗年号（1049—1054）。凡六年。皇祐三年（1051），蔡襄回朝修《起居注》，参与政事。

[96] 天问：指仁宗皇帝的问询。

[97] 禁中：皇帝所居的宫中。

[98] 无事于密：无关乎保密之事。

[99] 后知福州：嘉祐元年（1056），蔡襄再知福州。

[100] 掌书记：官职名，唐代置，指掌管表奏书徼等文书工作的官员，亦参与主持政事。宋代部分沿用，这里指知州下面的一个幕职。

[101] 窃去藏稿：蔡襄书法在当时有极高声誉，窃稿主要还是当作书法作品出售或收藏的。

[102] 知怀安县樊纪：怀安知县樊纪，怀安是福州下面的一个县，治所在今福建福州市西北。樊纪，嘉祐年间怀安的知县，蔡襄的下属。

[103] 刊勒：刊勒有二义，一是指刻碑，二是刊印成书，这里面指的是后者。

[104] 行于好事者：在爱好茶事的人当中流传。

[105] 舛谬：差错、错误。

[106] 顾遇：指（作者）被赏识而受到优遇。

[107] 揽：通览，浏览，观看。

[108] 辄加正定：就加以校订改正。正定，这里指校正。

[109] 以永其传：以长久流传。关于蔡襄《茶录》石刻之拓本，今存最古为“北宋拓本”。由宋代方孚若家藏。后下篇残缺“茶罗”后面的内容及“方孚若家藏刘克庄观”九字

提款。传至清代嘉庆年间，由翁方纲补字提识。林则徐题跋。现藏上海图书馆。除此之外还有“南宋拓本”，曾录于明孙承泽《庚子销夏记》。“古香斋拓本”，明宋珏刻，世称绢本《茶录》。此外，清府内有墨迹本。该墨迹本曾藏严嵩府，今藏北京故宫博物院。虽乾隆认为是真迹。据专家考证，此本暂为元人抄本。

[110] 治平元年：治平（1064—1067）是北宋英宗年号，元年为1064年。

[111] 三司使给事中：三司使，官名。唐代以判户部、判度支及盐铁使为三司，然各置一人，不相统属，至五代后唐明宗时始合为一职，称三司使。宋沿五代之制，以三司使为国家最高财政主管官，号称计相。员额一人，以两省五品以上及知制诰杂学士、学士充任。亦有辅臣罢政出外，召还充使者。太宗至真宗朝两度废三司，分设盐铁、度支、户部三部，三司使停废。咸平六年（1003）又将三部合为三司，重设三司使。

嘉祐六年（1061），蔡襄被授为翰林学士、权理三司使，主管朝廷财政，直到治平二年出知杭州为止。

给事中，官名。给事中三字是在内廷服务的意思，秦代始置，之后历代皆有此官职。唐代为门下省要职，在侍中及黄门侍郎之下，置四员，正五品上。职掌读署奏抄，驳正违失。诏敕有不当者，可涂改还奏。宋承唐制置给事中，属门下省。宋初，诏旨由银台司封驳，给事中为寄禄官。

宋 耀州窑青瓷划花三鱼纹茶盏

北宋 耀州窑盏及模

北宋　耀州窑盏

北宋　定窑盏

題文會圖
儒林華國古今同
吟詠飛毫醒醉中
多士作新知入彀
畫圖猶喜見文雄
臣京謹依韻和進
明時不與有唐同
八表人歸大道中
可笑當年十八士
經綸誰是出羣雄

宋　宋徽宗　文会图

宋　李公麟　莲社图　明　仇英仿

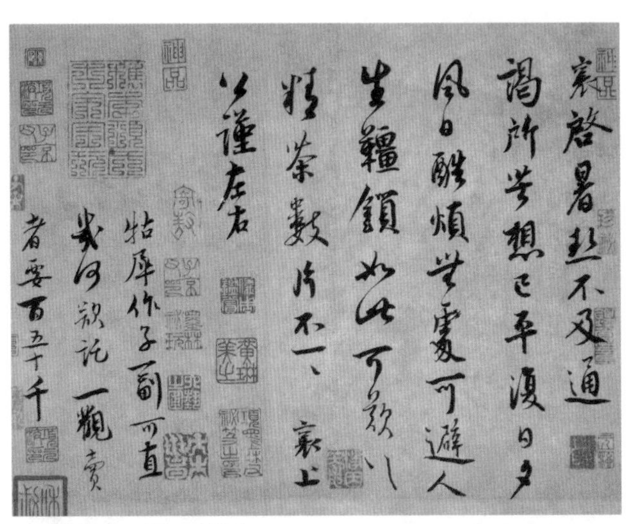

故宫博物院藏　蔡襄　精茶帖

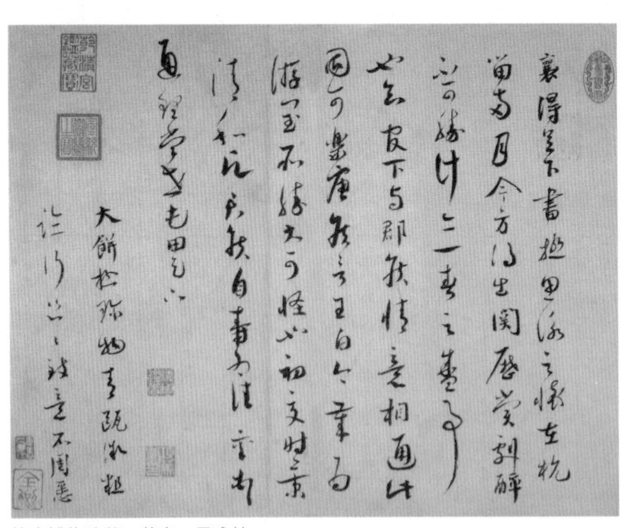

故宫博物院藏　蔡襄　思咏帖

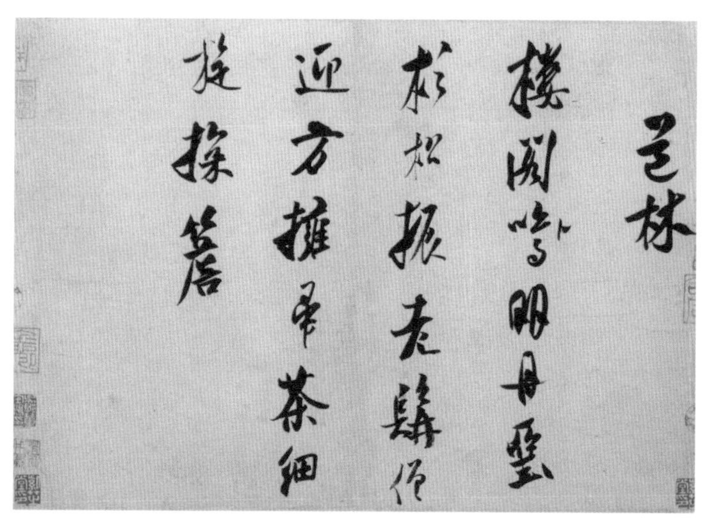

故宫博物院藏　米芾　道林帖

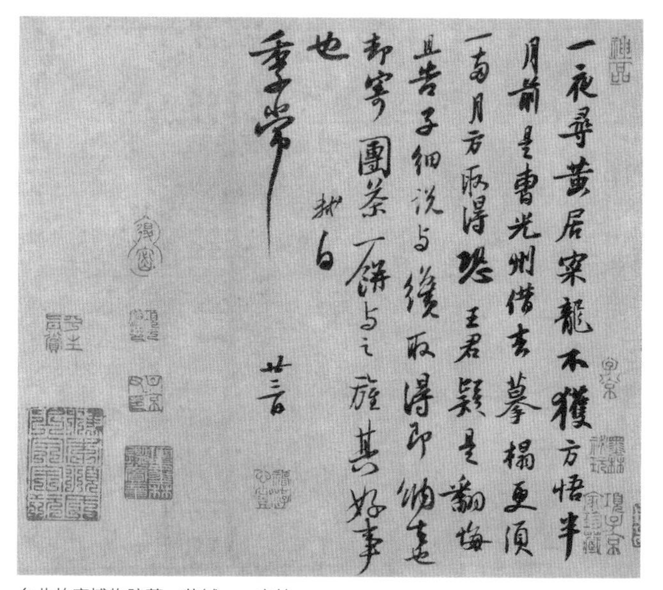

台北故宫博物院藏　苏轼　一夜帖

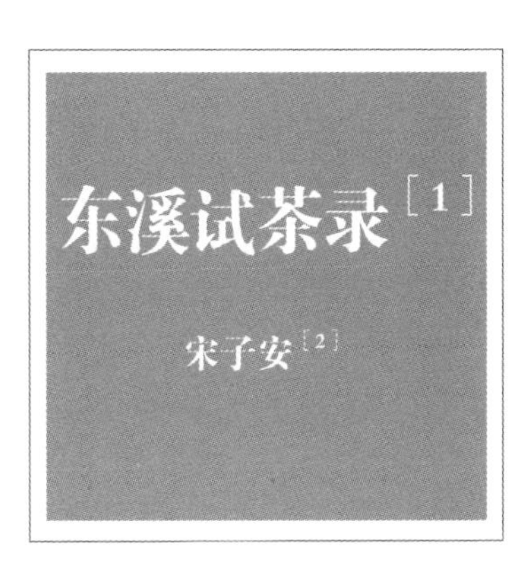

[1] 东溪试茶录：宋代茶书，宋子安撰，1卷，相较于之前丁谓、蔡襄等人的茶书，此书对产地诸焙的记载较为详尽，除此之外，在茶叶品类、茶树栽培、茶叶采制等方面也记录了丰富的内容。

此书的版本有宋《百川学海》本，元《说郛》本，明《茶书全集》本、明《格致丛书》本等等，《四库全书》收录。此文以左氏《百川学海本》为底本，参照其他版本校注而成。

[2] 宋子安：一作朱子安，据《百川学海》《宋史·艺文志》，应为宋子安。生平不可考。

序

建首七闽[3]，山川特异，峻极回环，势绝如瓯[4]。其阳[5]多银铜，其阴[6]孕铅铁；厥[7]土赤坟[8]，厥植惟茶。会建而上，群峰益秀，迎抱相向，草木丛条。水多黄金，茶生其间，气味殊美；岂非山川重复，土地秀粹之气钟于是，而物得以宜欤[9]？

---

[3] 建首七闽：建一作“隄”。七闽：古时分居于今福建和浙江南部一带的闽人为七族，总称七闽。后泛指今福建省地。建州为福建各州之首，故称“建首七闽”。

[4] 势绝如瓯：瓯：小盆，杯。地势（四面环山），像一个小盆。

[5] 阳：山南水北为阳，即建州北部。

[6] 阴：山北水南为阴，即建州南部。

[7] 厥：其，它的。下句“厥植惟茶”同。

[8] 坟：土堆。

[9] 这一段是说建茶的优异得益于极佳的自然环境。

北苑西距建安之洄溪[10]二十里而近，东至东宫[11]百里而遥。焙[12]名有三十六，东东宫其一也。过洄溪、踰东宫，则仅能成饼耳[13]。独北苑连属[14]诸山者最胜。北苑前枕[15]溪流，北涉数里[16]，茶皆气弇然[17]，色浊，味尤薄恶，况其远者乎？亦犹橘过淮为枳[18]也。近蔡公作《茶录》亦云[19]：“隔溪诸山，虽及时加意制造，色味皆重矣。”

---

[10] 洄溪：指建溪流经建安县城（今建瓯市区）的一段。

[11] 东宫：北苑官焙之一，位置不详，大抵在今建瓯市与政和县相接处。

[12] 焙：《百川学海》本作“姬”。

[13] 这句是说超出了北苑的范围，茶的品质就很一般了。

[14] 连属：相连，连接。

[15] 枕：靠近、临近。

[16] 这句是说北苑中靠近溪水边的茶，以及向北数里的茶，（都不理想）。

[17] 弇然：浅薄。

[18] 橘过淮为枳：语出《晏子春秋·杂下之十》：“婴闻之：橘生淮南则为橘，生于淮北则为枳，叶徒相似，其实味不同。所以然者何？水土异也。”后来以此典故说明水土和地理位置对物产的重要性。

[19] 从这条来看，此书写作似乎距蔡襄《茶录》成书不久。

今北苑焙风气亦殊[20]。先春朝隮[21]常雨，霁[22]则雾露昏蒸，昼午犹寒，故茶宜之[23]。茶宜高山之阴而喜日阳之早[24]。自北苑凤山[25]南直[26]苦竹园头、东南属[27]张坑头，皆高远先阳处[28]，岁发常早[29]，芽极肥乳，非民间所比。次出壑源岭，高土沃地，茶味甲于诸焙[30]。丁谓亦云："凤山高不百丈，无危峰绝崦[31]，而岗阜[32]环抱，气势柔秀，宜乎嘉植灵卉[33]之所发也。"又以："建安茶品甲于天下，疑山川至灵之卉，天地始和之气，尽此茶矣。"又论："石乳[34]出壑岭，断崖缺石之间，盖草木之仙骨。"丁谓之记，录建溪茶事详备矣。至于品载[35]，止云"北苑壑源岭"，及"总记官私诸焙千三百三十六"耳。近蔡公亦云："唯北苑凤凰山连属诸焙所产者味佳"。故四方以建茶为目[36]皆曰北苑，建人以近山所得故谓之壑源[37]。好者亦取壑源口南诸叶，皆云弥[38]珍绝，传致之间，识者以色味品第[39]，反以壑源为疑。[40]

---

[20] 风气亦殊：气候也很特别。风气这里是指气候。

[21] 朝隮：朝霞。

[22] 霁：雨过天晴。

[23] 故茶宜之：作者认为，云雾缭绕、气温较低的环境利于茶质。

[24] 这句话应完整理解。不能像很多版本那样断句为"茶宜高山之阴，而喜日阳之早"，把这二者看作两个并列条件。

单纯的高山之阴（山之北面）并不意味着好茶。实际上依据《茶经》“阳崖阴林”的理论，单纯的高山阴冷之地并不合适，只有结合日照较早的条件，达到相对平衡，才能出产好茶。下文“高远先阳”，即此义也。

［25］凤山：即建瓯市东峰镇的凤凰山，北苑贡茶的核心产地，参见《茶录》“凤凰山”条。

［26］直：至，到。

［27］属：连接。

［28］高远先阳处：海拔高而日照早的地方。

［29］岁发常早：每年发芽通常比较早。

［30］甲于诸焙：在诸焙中最好。

［31］危峰绝崦：险峻的山峰，崦，音yān，山。

［32］阜：土山、丘陵。

［33］卉：草木，下句“至灵之卉”同。

［34］石乳：宋代建州贡茶名品。始创于太宗朝。宋熊蕃《宣和北苑贡茶录》：“又一种茶，丛生石崖，枝叶尤茂。至道初，有诏造之，别号石乳。”杨亿《杨文公谈苑》：“龙、凤、石乳茶，皆太宗令造。”《宋史·地理志五》：“建宁府贡火前、石乳、龙茶。”《文献通考·征榷五》注云：“石乳、[的]乳皆狭片，名曰京的乳，亦有阔片者。”

［35］品载：茶品之记录。

［36］目：名目。

［37］这句话是说，建安本地人与外地人对茶产地的称呼习惯不

同。外地人一般提到建茶都只知道北苑，但是对具体情况并不清楚。本地人以山场来命名，所以称壑源，但是外人不太了解。宋子安写这篇文章，重要的原因之一是希望大家对建茶的产地有更细致的了解。实际上这也开启了对茶小产区山场详细记录的传统，这一传统影响深远，直至今日岩茶和普洱茶文化中，仍是十分重要的部分。

[38] 弥：更加。

[39] 品第：评定高低。

[40] 这一句是也是在说，外地人与建安人对北苑茶的认识有所差异。建安人认为壑源口南的原料在北苑茶中是极品，但是外面的人不了解，反而认为壑源茶可能不是北苑的。

今书所异者[41]，从二公[42]纪土地胜绝之目，具疏园陇百名之异[43]，香味精粗之别，庶知茶于草木为灵最矣。去亩步之间，别移其性[44]。又以佛岭、叶源、沙溪附见，以质[45]二焙之美，故曰《东溪试茶录》。自东宫、西溪、南焙、北苑皆不足品第[46]，今略而不论。

---

[41] 所异者：与前面列举的茶书所写的差异之处。

[42] 二公：指前面留下茶书的丁谓和蔡襄两位作者。

[43] 具疏园陇百名之异：详列茶园名目之差异。具疏：分条详细列出。园陇：这里指茶园山场。

[44] 这句是说山场对茶的影响，相隔一亩甚至几步，茶质特性就有所变化。

[45] 质：辨别、验证。

[46] 这句话疑有脱字，与前面第二段的核心产区的范围对应，意思应该是以这几处为界，范围之外的山场，品质一般，没必要品评，就忽略不写了。这里的西溪应该就是上文的"洄溪"。

总叙焙名

北苑诸焙，或还民间，或隶北苑，前书未尽、今始终其事[47]。

旧记建安郡[48]官焙三十有八，自南唐岁率六县民采造，大为民间所苦。我宋建隆[49]已来，环北苑近焙，岁取上供，外焙俱还民间而裁税[50]之。至道[51]年中，始分游坑、临江、汾常、西濛洲、西小丰、大熟六焙隶南剑[52]。又免五县茶民，专以建安一县民力裁足之，而除其口率泉[53]。庆历[54]中，取苏口、曾坑、石坑、重院还属北苑焉。又丁氏旧录[55]云："官私之焙千三百三十有六"，而独记官焙三十二。东山之焙十有四：北苑龙焙[56]一，乳橘内焙二，乳橘外焙三，重院四，壑岭五，谓源六，范源七，苏口八，东宫九，石坑十，建溪十一，香口十二，火梨十三，开山十四。南溪之焙十有二：下瞿一，濛洲东二，汾东三，南溪四，斯源五，小香六，际会七，谢坑八，沙龙九，南乡十，中瞿十一，黄熟十二。西溪之焙四：慈善西一，慈善东二，慈惠三，船坑四。北山之焙二：慈善东一，丰乐二。[57]

北苑曾坑石坑附

建溪之焙三十有二，北苑首其一，而园别为二十五[58]，苦竹园头甲之，鼯鼠窠次之，张坑头又次之。

---

[47] 这句是指相对于南唐时代的规模，北苑诸焙有的还归民间，有的还隶属北苑，之前茶书没有写清楚，现在记录这件事。详见下文。始终：记录本末原委。

[48] 建安郡：建安郡三国吴时所立，这里是延续古代称呼，实际上唐代已改为建州，南唐时应称“永安军”或“忠义军”。宋平南唐后，复称“建州”。

[49] 建隆：960—963年，宋太祖年号，也是宋代第一个年号。

[50] 裁税：减税。

[51] 至道：宋太宗年号（995—997），真宗即位时沿用。

[52] 南剑：指南剑州，北宋太平兴国四年（979）置，治所在剑浦县（今福建南平市）。《寰宇记》卷一百南剑州：“本剑州，以西（利州路）有剑州，此故名为南剑州。”辖境相当于今福建南平、三明、将乐、顺昌、沙县、尤溪、永安、大田等市县地。

[53] 口率泉：按人口比例征收的赋税，人头税。

[54] 庆历：（1041—1048）是宋仁宗的年号。

[55] 丁氏旧录：指丁谓的《北苑茶录》。

[56] 北苑龙焙：即焙前茶焙。焙前茶焙在五代闽国时即为御焙，宋太平兴国年间成为北苑三十二官焙的首焙，位于裴桥村焙前自然村，现有全国重点文物保护单位北苑御焙遗址。含御茶堂、红云岛、御泉亭、御泉井、乘风堂等遗址。

[57] 东山之焙十四，南溪之焙十二，西溪之焙四，北山之焙二。共计“官焙三十二”。

[58] 焙是加工场所，一个加工场所原料来自多个茶园。北苑为三十二官焙之首，包含二十五个茶园。

苦竹园头[59]连属窠坑，在大山[60]之北，园植北山之阳[61]，大山多修木丛林，郁荫相及。自焙口达源头五里，地远而益高，以园多苦竹，故名曰苦竹；以高远居众山之首，故曰园头。直西定山之隈[62]，土石回向如窠[63]然，南挟[64]泉流积阴之处而多飞鼠，故曰鼯鼠窠[65]。其下曰小苦竹园[66]。又西至于大园，绝山尾，疏竹蓊翳[67]，昔多飞雉[68]，故曰鸡薮窠[69]。又南出壤园、麦园[70]，言其土壤沃宜𪎊麦[71]也。自青山曲折而北，岭势属如贯鱼[72]，凡十有二，又隈曲如窠巢者九，其地利为九窠十二垄[73]。隈深绝数里，曰庙坑，坑有山神祠焉。又焙南直东，岭极高峻，曰教练垄[74]，东入张坑[75]，南距[76]苦竹。带北冈势横直，故曰坑[77]。坑又北出凤凰山，其势中跱[78]，如凤之首；两山相向，如凤之翼，因取象[79]焉。凤凰山东南至于袁云垄[80]，又南至

于张坑，又南最高处曰张坑头，言昔有袁氏张氏居于此，因名其地焉。出袁云之北平下[81]，故曰平园[82]。绝岭之表，曰西际。其东为东际[83]。焙东之山，萦纡[84]如带，故曰带园。其中曰中历坑，东又曰马鞍山，又东黄淡窠，谓山多黄淡[85]也。绝东为林园，又南曰柢园。

---

[59] 苦竹园头：在今裴桥村福源自然村，今仍有此地名。

[60] 大山：据吴金泉《北苑拾遗》，其位置在今裴桥村福源自然村西南约1.5公里处。

[61] 北山之阳：指大山北面的一座山的南面。

[62] 隈：弯曲处。

[63] 窠：巢穴。

[64] 挟：本指胳膊夹住，这里指（山）侧翼。

[65] 鼯鼠窠：即位于上文所提到的今福源村大山一带。

[66] 小苦竹园：亦在大山山地范围内。

[67] 蓊翳：草木茂密。

[68] 雉：短尾之鸟，一般指野鸡。

[69] 鸡薮窠：薮意为聚集之地，意思也就是野鸡聚集的巢穴。

[70] 壤园、麦园：据吴金泉《北苑拾遗》："位今小桥上屯村南山自然村。"

[71] 麰麦：大麦。

[72] 属如贯鱼：相连如同成串的鱼。

[73] 九窠十二垄：垄，这里指高地。九窠十二垄，即上文所说

的十二个相连的山岭，和九个弯曲似巢穴的地方。

[74] 教练垄：据吴金泉《北苑拾遗》："今东峰镇杨梅村西约1千米地有马岭山，有跑马道，是否与教练垅有关有待确证。"

[75] 张坑：据吴金泉《北苑拾遗》："张坑位长源村埂头自然村北向约0.5千米地。"

[76] 距：这里是到的意思。

[77] 故曰坑：左氏《百川学海》本，四库本此处皆作"故曰坑"，从上下文来看，此处疑脱"横"字。汪继壕《北苑别录》按语引《东溪试茶录》，此处作"故曰横坑"。吴金泉《北苑拾遗》横坑条："《东溪试茶录》'张坑南距苦竹带北，岗势横直，故曰横坑'。坑北出'凤凰山'。焙前龙井后有山叫横坑仔，坑北出凤凰山。"

[78] 跱：耸立。

[79] 取象：取其征象。

[80] 袁云垄：据吴金泉《北苑拾遗》："今位裴桥村或埂头张坑前后有一猿游垅。"

[81] 平下：平坦在下。

[82] 平园：亦称官平，吴金泉《北苑拾遗》："今裴桥村西约0.5千米地丘陵叫官坪。"

[83] 西际、东际：吴金泉《北苑拾遗》："西际在裴桥村境内。其东即东际，相去不远。"据下文"佛岭"条："东际为丘坑，坑口西对壑源，亦曰壑口。"则东际又名丘坑。吴金泉《北苑拾遗》："今裴桥村的后门山叫丘坑，其坑口正对壑源口（今福源自然村），与佛岭、张坑相近。"

[84] 萦纡：盘旋弯曲，回旋曲折。纡，音yū。

[85] 黄淡：亦作“黄弹”，即“黄皮”，一种产于我国南方的水果。属芸香科，小乔木。

又有苏口焙，与北苑不相属，昔有苏氏居之。其园别为四：其最高处曰曾坑[86]，际上又曰尼园，又北曰官坑上园、下坑园[87]。庆历中始入北苑，岁贡有曾坑上品一斤，从出于此。曾坑山浅土薄，苗发多紫，复不肥乳，气味殊薄。今岁贡以苦竹园茶充之，而蔡公《茶录》亦不云曾坑者佳。

[86] 曾坑：吴金泉《北苑拾遗》：“曾坑在裴桥村境内，位裴桥村东面约0.5千米，与杨梅村苏口自然村后门方向0.5千米相交界。”

[87] 官坑上园、下坑园：吴金泉《北苑拾遗》载：“今焙前自然村村头（东）园地叫上园，村尾（西）的园地叫下坑园。”

又石坑[88]者，涉溪东北，距焙仅一舍[89]，诸焙绝下，庆历中分属北苑。园之别有十：一曰大番、二曰石鸡望、三曰黄园、四曰石坑古焙、五曰重院、六曰彭坑、七曰莲湖、八曰严历、九曰乌石高、十曰高尾。山多古木修林，今为本焙[90]取材之所。园焙[91]岁久，今废不开。

[88] 石坑：据下文“距焙仅一舍”，石坑应在北苑龙焙东北三十里左右。具体位置不详。

[89] 一舍：古代以三十里为一舍。这里所说的焙应指北苑龙焙（本焙）而不是上段的苏口焙。因为石坑庆历时已属北苑，而且下文称“今为本焙取材之所”。

[90] 本焙：即北苑龙焙，亦称正焙。

[91] 园焙：指石坑当地的焙场。

二焙非产茶之所[92]，今附见之。

壑源[93] 叶源附

建安郡东望北苑之南山[94]，丛然而秀，高峙数百丈，如郛郭[95]焉。民间所谓捍火山也。其绝顶西南下视建之地邑[96]，民间谓之望州山。山起壑源口而西，周抱北苑之群山，迤逦[97]南绝其尾。岿然山阜高者为壑源头，言壑源岭山自此首也。大山南北以限沙溪[98]，其东曰壑，水之所出。水出山之南，东北合为建溪[99]。壑源口者，在北苑之东北。南径[100]数里，有僧居[101]曰承天，有园陇北，税官山，其茶甘香，特胜近焙[102]。受水则浑然色重，粥面无泽[103]。道[104]山之南，又西至于章历。章历西曰后坑，西曰连焙，南曰焙上，又南曰新宅，又西曰岭根，言北山之根也。茶多植山之阳，其土赤埴[105]，其茶香少而黄白。岭根有流泉，清浅可涉，涉泉而南，山势回曲，东去如钩，故其地谓之壑岭[106]坑头，茶为胜。绝处又东，别为大窠坑头，至大窠为正壑岭，寔[107]为南山。土皆黑埴，茶生山阴，厥味甘香，厥色青白，及受水则淳淳[108]光泽。民间谓之冷粥面。视其面，涣散如粟[109]，虽去社芽叶过老[110]，色益青明，气益郁然[111]，其止则苦去而甘至[112]。民间谓之草木大而味大是也。他焙芽叶遇老。色益青浊，气益勃然[113]，甘至则味去而苦留，为异矣[114]。大窠之东山势平尽，曰壑岭尾，茶生其间，色黄而味多土气[115]。绝[116]大窠南山，其阳曰林坑。又西南曰壑岭根，其西曰壑岭头。道南山而东，曰穿栏焙，又东曰黄际[117]。其北曰李坑，山渐平下，茶色黄而味短。自壑岭尾之东南，溪流缭绕，冈阜不相连附[118]。极南坞[119]中曰长坑，踰[120]岭为叶源，又东为梁坑，而尽于下湖。叶源者，土赤多石，茶生其中，色多黄青，无粥面粟纹而颇明爽，复性重喜沉，为次也[121]。

---

[92] 二焙非产茶之所：指前面所说的苏口、石坑两个地方的焙场已经不再制茶了。但这两个地方的茶园还是产茶的。

[93] 壑源：即今东峰镇裴桥村福源自然村一带，当地方言“壑”“福”发音相近。2005年6月福源村出土了宋代初期叶春墓志残碑，从碑文内容基本可以确定，福源村即为历史上的壑源。

[94] 南山：吴金泉《北苑拾遗》认为，即是裴桥村境内磨仔岩

山。此山现存地名“大小焊”，与下文“民间所谓捍火山也”相合。还有壑岭、苦竹、苦竹源、横坑、大窠头、石碎窠等众多山地名仍沿袭至今。

[95] 郛郭：外城。

[96] 建之地邑：指建安县城。

[97] 迤逦：曲折连绵。

[98] 以限沙溪：限制了沙溪的流向。

[99] 东北合为建溪：《建瓯县志》记：“沙溪源发黄栀峰下冷水寺，经下历、上屯、出东溪南岸的溪口，汇入东溪。”

[100] 径：经过。

[101] 僧居：佛寺。

[102] 特胜近焙：在近焙中特别出色，近焙指环绕正焙附近的焙场。

[103] 受水，指点茶时茶与水的融合。泽，光泽。由此可见近焙和官焙还是有一定差距。

[104] 道：经过。

[105] 埴：黏土。

[106] 壑岭：吴金泉《北苑拾遗》：“今位裴桥村南约2千米地，与小桥镇上屯村的南山和竹林自然村相邻（翻过山冈即是），属裴桥村境地。”

[107] 寔：实。

[108] 淳淳：光泽貌。

[109] 涣散如粟：沫饽像小米那样分散排布，即所谓粟纹，小圆点纹。这种茶即使味道不错，也不太适宜斗茶。

［110］去社芽叶过老：过了春社日之后，芽叶较老。春社为立春后第五个戊日，差不多在春分前后。

［111］郁然：香气浓重。

［112］其止则苦去而甘至：饮茶停下来之后，苦会褪去，而有回甘。

［113］勃然：突然兴起。与上文“郁然”的香气沉稳浓郁相比，勃然显得轻浮，有刺激之感。

［114］这一段主要是说这一带的茶即使长老了、味重了，也和别处的茶不一样，别处的苦化不开，而此茶苦能化而有回甘。

［115］土气：这里是指带有泥土的气息味道。

［116］绝：在（大窠南山）的尽头。绝，在……的尽头。

［117］黄际：吴金泉《北苑拾遗》：“黄际位裴桥村境内，在裴桥村南约1千米地。”

［118］这里指因为溪流缭绕，这些山丘之间不相连属。

［119］坞：四面高中间凹下的地方。

［120］踰：越过。

［121］为次也：相对差一些。因为叶源茶性重容易下沉，在斗茶中不占优势，故有此说。

佛岭

佛岭连接叶源下湖之东，而在北苑之东南，隔壑源溪水。道自章阪东际为丘坑[122]，坑口西对壑源，亦曰壑口，其茶黄白而味短。东南曰曾坑今属北苑，其正东曰后历。曾坑之阳曰佛岭。又东至于张坑，又东曰李坑，又有硬头、后洋、苏池、苏源、郭源、南源、毕源、苦竹坑、歧头、槎头，皆周环佛岭之东南。茶少甘而多苦，色亦重浊。又有篢[123]源篢音胆，未详此字、石门、江源、白沙，皆在佛岭之东北，茶泛然[124]缥[125]尘色而不鲜明，味短而香少，为劣耳。

[122] 丘坑：吴金泉《北苑拾遗》："裴桥村的后门山叫丘坑，其坑口正对壑源口（今福源自然村），与佛岭、张坑相近。"见上文"西际、东际"条。

[123] 篢：今音gōng，或lǒng，后文说读音为"胆"，未详所指。

[124] 泛然：漂浮貌。

[125] 缥：青白色。

沙溪[126]

沙溪去北苑西十里，山浅土薄，茶生则叶细，芽不肥乳。自溪口诸焙，色黄而土气。自龚漈[127]南曰挺头，又西曰章坑，又南曰永安，西南曰南坑，漈其西曰砰溪。又有周坑、范源、温汤漈、厄源、黄坑、石龟、李坑、章坑、章村、小梨，皆属沙溪。茶大率[128]气味全薄，其轻而浮，浡浡[129]如土色。制造亦殊壑源者不多留膏，盖以去膏尽则味少而无泽也茶之面无光泽也，故多苦而少甘[130]。

[126] 沙溪：吴金泉《北苑拾遗》："志书所载的沙溪今位建瓯市东峰镇东溪口村和小桥镇上屯村。《建瓯县志》记：'沙溪源发黄栀峰下冷水寺，经下历、上屯、出东溪南岸的溪口，汇入东溪。'这条河流今名仍为'沙溪'。"

[127] 漈：音 jì，水边、岸边，这里用作地名。

[128] 大率：大概，基本上。

[129] 渟渟：涌起貌。或以为"渟"通"饽"，指点茶时表面的沫饽。

[130] 这句话意思是说，沙溪茶因为内含物质较贫乏，加工的时候不像壑源茶那样尽量去膏，如果去膏过多，会导致茶叶味淡无光泽。但是多留膏的后果导致茶叶的味道偏苦。如果此处没有脱字，如果"不"字不是衍字，前面断句应断为"制造亦殊壑源者不多留膏"，指制作方面和壑源茶不多留膏的情况不同。即是指沙溪茶相对留膏要多一些，这样才能和下文衔接。

茶名[131] 茶之名类殊别，故录之。

茶之名有七：

一曰白叶茶，民间大重[132]，出于近岁[133]，园焙时有之。地不以山川远近，发不以社之先后[134]。芽叶如纸[135]，民间以为茶瑞[136]，取其第一者为斗茶，而气味殊薄，非食茶[137]之比。今出壑源之大窠者六，叶仲元、叶世万、叶世荣、叶勇、叶世积、叶相。鳖源岩下一，叶务滋。源头二，叶团、叶肱。鳖源后坑一，叶久。鳖源岭根三，叶公、叶品、叶居。林坑黄漈一，游容。丘坑一，游用章。毕源一，王大照。佛岭尾一，游道生。沙溪之大梨漈上一，谢汀。高石岩一，云擦院。大梨一，吕演。砰溪岭根一，任道者。

次有柑叶茶，树高丈余[138]，径头七八寸[139]，叶厚而圆，状类柑橘之叶。其芽发即肥乳，长二寸许，为食茶之上品。

---

[131] 茶名：这里指根据外观和经验的茶叶品种划分。

[132] 大重：特别重视、推崇。

[133] 出于近岁：近年来出现的品种，从这点看，当时出现的历史并不长，可能是品种的变异，当然也有可能是之前没有特别关注。

[134] 这句话是说产地和发芽早晚都不一定。

[135] 芽叶如纸：这里是形容其薄。

[136] 茶瑞：茶中祥瑞，这一方面是由于其稀有。另一方面也是斗茶中对白色的推崇。北宋的祥瑞文化甚为发达，上有所好，民间自然配合寻找这类特异的物产。

[137] 食茶：用来吃的茶。

[138] 树高丈余：宋时一丈约为3.07米，丈余即三米多高或更高，今日所谓之大树茶。

[139] 径头七八寸：径头，树干基部的直径。大概有二十多厘米，依今日云南古树茶之经验，一般至少是百年以上的茶树。

三曰早茶，亦类柑叶，发常先春，民间采制为试焙[140]者。

四曰细叶茶，叶比柑叶细薄，树高者五六尺，芽短而不乳[141]，今生沙溪山中，盖土薄而不茂也。

五曰稽茶[142]，叶细而厚密。芽晚而青黄。

六曰晚茶，盖鸡茶[143]之类，发比诸茶晚，生于社后[144]。

七曰丛茶，亦曰糵[145]茶，丛生，高不数尺，一岁之间，发者数四[146]，贫民取以为利。

---

[140] 试焙：第一批制茶。这里所谓试焙为民间采制，盖指因为发芽早，又不算名贵，所以开焙时先用这类早茶来试制调整。试焙有时也泛指第一批茶，也可能是贡茶，品质也可能很好，宋黄儒《品茶要录》："初造曰试焙。"

[141] 乳：汁液丰富。上文中"肥乳"即此意。

[142] 稽茶：这里稽是延迟的意思，指这种茶发芽比较晚。

[143] 鸡茶：盖为上文之"稽茶"，第六类茶与第五类茶品种类似。

[144] 社后：春社之后，大概为春分之后，北苑茶采摘时间较近世为早，精品多出社前，春分时已经是比较靠后的了。

[145] 糵茶：糵，同蘖。树木砍去后从残存茎根上长出的新芽，泛指植物近根处长出的分枝。这是一种灌木茶。据此分析，上面所说几个品种应该是乔木。

[146] 发者数四：发芽多次。发芽次数过多，虽然产量较大，但品质较差。所以说"贫民取以为利"，是底层百姓所用。

采茶办茶须知制造之始[147]，故次[148]。

建溪茶比他郡最先，北苑壑源者尤早，岁多暖则先惊蛰十日即芽，岁多寒则后惊蛰五日始发[149]。先芽者气味俱不佳[150]，唯过惊蛰者最为第一。民间常以惊蛰为候，诸焙后北苑者半月，去远则益晚[151]。凡采茶必以晨兴，不以日出。日出露晞，为阳所薄[152]，则使芽之膏腴出耗于内，茶及受水而不鲜明，故常以早为最[153]。凡断芽必以甲不以指，以甲则速断不柔，以指则多温易损[154]。择之必精，濯[155]之必洁，蒸之必香，火之必良，一失其度，俱为茶病。民间常以春阴[156]为采茶得时。日出而采，则芽叶易损，建人谓之采摘不鲜是也。

---

[147] 制造之始：做茶的第一步就是采茶，故称制造之始。

[148] 故次：所以放在接下来说。

[149] 这里讲北苑茶的发芽时间，气温高的年景可以到惊蛰前十日，气温低的年份也是在惊蛰后五日，惊蛰一般的时间在农历正月中下旬到二月初，的确是非常早的。这一方面和北苑气候、茶树品种等因素有关，实际上也和北苑茶选取原料的等级有关。实际上，现在各大茶类，哪怕是芽茶，和北苑的原料比也是老的。

[150] 这句话其实是接着上面来的，说的是气候偏暖的年景，其第一批茶不是很好的。气候偏寒的年景要更好一些。关于这一点，《大观茶论》也认为微寒的天气更好一些，参见《大观茶论·天时》的相关论述。

[151] 其他茶焙都比北苑要晚半月以上，离北苑越远越晚。

[152] 日出露晞，为阳所薄：晞，干。薄：通“迫”，这里是指日出露水晒干，茶芽的精华为阳气所迫而耗散，大概是温度过高导致芽的含水率变化以及代谢反应带来内含物质变化。

[153] 这一段亦与今日采茶有所不同。北苑采茶，因为选取的是极嫩芽，并且应用蒸青工艺，适于带露采摘，避免日出之后嫩芽水分快速下降，带来内含物质变化。后者导致斗茶中受水重浊，是需要避免的。

[154] 这一段与今日亦大为不同，今日无论何种茶类，大多不推崇以指甲掐的方式，这种方式带来茶梗的破坏与氧化，轻则品相不佳，重则影响茶味。北苑“以甲不以指”，主要的原因还在于采摘的茶芽太嫩，如果用指，反而容易压坏，或者因为温度高而破坏，只能用甲。而且极嫩的茶芽往往是投在水里，又是蒸青工艺，所以前面说的指甲破坏带来氧化的弊端也可以避免，不需要考虑。

[155] 濯：洗，北苑茶制作工艺里面在拣芽之后、蒸茶之前，是有洗这道工序的。赵汝砺《北苑别录》：“茶芽再四洗涤，取令洁净，然后入甑，候汤沸蒸之。”

[156] 春阴：这里指春季无阳光的时候，包括日出之前。前面已探讨过原因。

茶病[157] 试茶辨味必须知茶之病，故又次之。

芽择肥乳，则甘香而粥面[158]，着盏[159]而不散；土瘠而芽短，则云脚[160]涣乱，去盏[161]而易散。叶梗半[162]则受水鲜白，叶梗短则色黄而泛。梗谓芽之身除去白合[163]处，茶民以茶之色味俱在梗中[164]。乌蒂[165]白合，茶之大病。不去乌蒂，则色黄黑而恶。不去白合则味苦涩。丁谓之论备矣[166]。蒸芽必熟，去膏必尽。蒸芽未熟则草木气[167]存，适口[168]则知。去膏未尽则色浊而味重。受烟[169]则香夺，压黄[170]则味失，此皆茶之病也。受烟谓过黄时火中有烟，使茶香尽而烟臭不去也。压去膏之时，久留茶黄未造，使黄经宿，香味俱失，弇然气如假鸡卵[171]臭也。

---

[157] 茶病：指茶之毛病、缺点。

[158] 粥面：表面像粥一样浓稠有光泽。与蔡襄《茶录》所说之“粥面”所指略有不同。参见《茶录》注释“粥面聚”。

[159] 着盏：指沫饽浮于盏面，如粥面一样凝固不动的现象。蔡襄《茶录·点茶》：“钞茶一钱匕，先注汤调令极匀，又添注之，环回击拂，汤上盏可四分则止，视其面色鲜白著盏无水痕为绝佳。”

[160] 云脚：指沫饽的边缘，参见《茶录》“云脚”条。

[161] 去盏：指沫饽离开盏壁，即水面出现。

[162] 叶梗半：带有一半茶梗、茶梗占（一个茶芽的）一半。

[163] 白合：茶始萌芽时两片合抱而生的有损茶味的小叶，是制茶时必须剔除的叶子。这个叶子是在茶嫩芽的时候出现

的，等到茶芽长大，这个叶子也变老，自然不取。但是在很嫩的时候，还是容易混进来。见宋徽宗赵佶《大观茶论·采择》："茶始芽萌，则有白合，既撷则有乌蒂。白合不去害茶味，乌蒂不去害茶色。"黄儒《品茶要录·白合盗叶》称："拣芽则不然，遍园陇中择去其精英者，其或贪多务得，又滋色泽，往往以白合盗叶间之，试时色虽鲜白，其叶涩淡者，间白合盗叶之病也（注：凡鹰爪之芽，有两小叶抱而生者，白合也；新条叶之初生而色白者，盗叶也）。"赵汝砺《北苑别录·拣茶》也说："茶有小芽，有中芽，有紫芽，有白合，有乌蒂……白合，乃小芽有两叶抱而生者是也；乌蒂，茶之蒂头是也。凡茶以水芽为上，小芽次之，中芽又次之；紫芽、白合、乌蒂，皆在所不取。"

[164] 茶之色味俱在梗中：茶梗中因为独特的内含物质会带来特有的风味并增加甜度，如今日普洱茶等。但相对来说茶梗所含物质浓度较芽叶为低，这里所说俱在梗中，还是和采摘过嫩有关。

[165] 乌蒂：又称鱼叶，新梢每次生长抽出的第一片或头几片不完全叶。乌蒂与白合的性质类似，相对而言白合是更早的嫩芽外面的小叶，颜色更浅。乌蒂更靠后一些，颜色更深。宋徽宗赵佶《大观茶论·采择》："茶始芽萌，则有白合，既撷则有乌蒂。白合不去害茶味，乌蒂不去害茶色。"赵汝砺《北苑别录·拣茶》也说："茶有小芽，有中芽，有紫芽，有白合，有乌蒂……白合，乃小芽有两叶

抱而生者是也；乌蒂，茶之蒂头是也。”

[166] 丁谓之论备矣：丁谓的书中说的很详尽。但相关文字今已不存。

[167] 草木气：指草木的青气，今日绿茶或普洱茶中杀青不足的茶会有这种味道。

[168] 适口：品尝、喝。未熟仅靠外观无法辨别，需要品尝。

[169] 受烟：从下文看，这里的受烟是过黄经历焙火和蒸汽熏最后进行烟焙的时候出现的问题。关于过黄的工艺参见赵汝砺《北苑别录·过黄》，其中有：“又不欲烟，烟则香尽而味焦。”即使指此处的受烟。

[170] 压黄：指茶蒸青过后，进入模具压榨的过程，因为操作不及时出现的问题，可能有多种原因造成。黄儒《品茶要录·压黄》：“其或日气烘烁，茶芽暴长，工力不给，其采芽已陈而不及蒸，蒸而不及研，研或出宿而后制，试时色不鲜明，薄如坏卵气者，压黄之病也。”如果不及时压出汁液，茶黄会腐化变质，出现臭鸡蛋的味道。

有时压黄单纯指茶叶蒸青之后进行压榨，是制茶的一道工序，并没有失误的意味。如宋徽宗《大观茶论》：“蒸芽欲及熟而香，压黄欲膏尽亟止。”

[171] 假鸡卵：坏了的鸡蛋。宋黄儒《品茶要录》：“薄如坏卵气者，压黄之病也。”

宋　建窑油滴天目束口盏底
（符合《茶录》“其坯微厚”的特征）

宋　刘松年　撵茶图（局部）

宋　刘松年　斗茶图

北宋　金　河南黑釉褐斑茶盏

北宋　金　河南黑釉褐斑茶盏

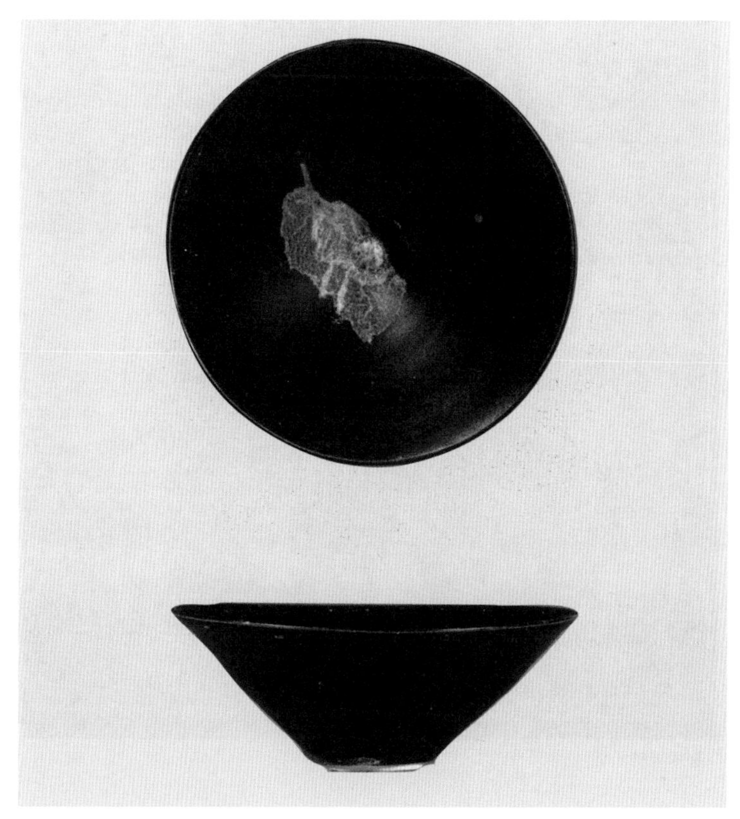

南宋　吉州窑木叶纹斗笠盏

茶芽萌发

今日云南茶山的古茶树，其高度体量与北苑“丈余”的乔木茶树相当。

品茶要录[1]

黄儒[2]

[1] 品茶要录：此书名为“品茶要录”，要点不在于品鉴茶的口感如何，而在于品评茶叶采摘制作的得失，兼论风土品种。此书有《说郛》本、明程百二刊本、《茶书全集》本等，《四库全书》收录。今以涵芬楼《说郛》本为底本，参照其他版本校对而成。

按，《四库全书》因为程百二提供的文末苏轼之跋出自《东坡外集》而存疑。但此书内容曾为《宣和北苑贡茶录》等宋代茶书所引用，应该不是后人所撰。且观此书文字，对建安茶的了解绝非泛泛文人可比，作者应是这方面的专家，是我们今日了解宋茶的重要典籍。从《说郛》本卷六十记录的情况来看，程百二并非是首先发现刊刻此书之人，其所发现的亦非唯一版本。

[2] 黄儒：《四库全书总目提要》：“儒字道辅，陈振孙《直斋书录解题》作道父者误也。建安人。熙宁六年进士。”从苏轼的跋来看，黄儒博学能文，可惜去世的比较早。

自序

说者常怪陆羽《茶经》不第[3]建安之品，盖前此茶事未甚兴，灵芽真笋[4]，往往委翳[5]消腐，而人不知惜。自国初已来，士大夫沐浴膏泽[6]，咏歌升平之日久矣。夫体势[7]洒落[8]，神观[9]冲淡[10]，惟兹[11]茗饮为可喜。园林亦相与摘英[12]夸异[13]，制卷鬻新[14]而趋时之好[15]，故殊绝[16]之品始得自出于蓁莽[17]之间，而其名遂冠[18]天下。借使陆羽复起，阅[19]其金饼[20]，味其云腴[21]，当爽然自失[22]矣。

---

[3] 第：品第、评定。

[4] 灵芽真笋：皆指优质茶芽。

[5] 委翳：萎谢。委，通“萎”。

[6] 膏泽：滋润土壤的雨水，比喻恩惠，这里指皇上的恩惠。

[7] 体势：情势、状态。

[8] 洒落：潇洒、洒脱。

[9] 神观：精神容态。

[10] 冲淡：闲适淡泊。

[11] 兹：这个。

[12] 摘英：指采茶。

[13] 夸异：夸奖称异。

[14] 制卷鬻新：制作各种模具、开发贩卖新品。卷，陆羽《茶经》作棬，指压茶的模具。

[15] 趋时之好：迎合当时流行的喜好。

[16] 殊绝：特出；超绝。

[17] 蓁莽：草木丛生，指茶园。

[18] 冠：居于首位。

[19] 阅：看。

[20] 金饼：指茶饼。唐李郢《酬友人春暮寄枳花茶》诗："金饼拍成和雨露，玉尘煎出照烟霞。"

[21] 云腴：本指仙药美味，这里是茶的别称。唐皮日休《奉和鲁望四明山九题·青櫺子》："味似云腴美，形如玉脑圆。"

[22] 爽然自失：茫然自失，"喝傻了"。

因念草木之材，一有负瑰伟绝特[23]者，未尝不遇时而后兴[24]，况于人乎！然士大夫间[25]为珍藏精试之具，非会雅好真，未尝辄出[26]。其好事者，又尝论其采制之出入，器用之宜否，较试之汤火[27]，图于缣素[28]，传玩于时，独未有补于赏鉴之明尔。盖园民射利[29]，膏油其面色[30]，品味易辨而难评[31]。予因收阅[32]之暇[33]，为原[34]采造之得失，较试之

低昂[35]，次为十说，以中[36]其病，题曰《品茶要录》云。

一、采造过时

茶事[37]起于惊蛰前，其采芽如鹰爪，初造曰试焙，又曰一火；其次曰二火。二火之茶，已次一火矣。故市[38]茶芽者，惟同出于三火前者为最佳。尤喜薄寒[39]气候，阴不至于冻，芽茶尤畏霜，有造于一火二火皆遇霜，而三火霜霁，则三火之茶胜矣[40]。晴不至于暄[41]，则谷芽[42]含养约勒[43]而滋长有渐[44]，采工亦优为矣[45]。凡试时泛色鲜白，隐于薄雾[46]者，得于佳时而然也。有造于积雨者，其色昏黄；或气候暴暄，茶芽蒸发，采工汗手熏渍[47]，拣摘不给[48]，则制造虽多，皆为常品矣。试时色非鲜白、水脚[49]微红者，过时之病也。

---

[23] 瑰伟绝特：谓事物珍美奇异，超凡特别。

[24] 遇时而后兴：遇到时机而后兴起。

[25] 间：空闲时。

[26] 这句大概是说，若非碰到平素喜爱，真正理解的人，不会轻易拿出来。真后疑有脱字。

[27] 采制的差距，器用适宜与否，比较测试（茶）的用汤火候。

［28］缣素：细绢，代指书册。

［29］园民射利：园民，指茶农、制茶者。射利，谋取利益。

［30］膏油其面色：在（茶饼）表面涂上膏油，令色泽好看。

［31］品味易辨而难评：喝起来能喝出差别，但是难于评定原委得失。

［32］收阅：收集浏览。

［33］暇：空闲。

［34］原：推究。

［35］低昂：高下。

［36］中：切中，正对目标。

［37］茶事：与茶有关的各种活动都可称“茶事”，这里是指采制茶叶。

［38］市：买卖。

［39］薄寒：微寒。

［40］这句是说，采茶的时候有霜冻是不好的，虽然一般来说前面的茶好，但是如果前面太冷有霜冻，那还是后面没有霜冻的茶好。

［41］暄：温暖。

［42］谷芽：指极嫩的茶芽，似谷粒。唐李咸用《同友生春夜闻雨》诗：“此时童叟浑无梦，为喜流膏润谷芽。”

［43］含养约勒：内含的营养物质不会散失。约勒：约束，不流失。

［44］滋长有渐：生长得较慢、稳定。

［45］这句是说，晴天但温度不要太高，这样茶芽生长不会太快，采制的时候就比较宽裕。优为，做起来宽裕、绰有余力。

[46] 薄雾：指点茶时沫浡上微微泛起的雾气。

[47] 熏渍：熏染浸渍。

[48] 不给：没有做到位。

[49] 水脚：茶的液面与茶盏相接的地方，水痕。宋苏轼《和蒋夔寄茶》："沙溪北苑强分别，水脚一线争谁先。"

二、白合盗叶

茶之精绝者曰斗[50]，曰亚斗，其次拣芽、茶芽。斗品虽最上，园户或止[51]一株，盖天材[52]间有特异，非能皆然[53]也。且物之变势无穷，而人之耳目有尽，故造斗品之家，有昔优而今劣、前负而后胜者[54]。虽人工有至有不至，亦造化推移不可得而擅[55]也。其造，一火曰斗，二火曰亚斗，不过十数銙[56]而已。拣芽则不然，遍园陇中择其精英者尔[57]。其或贪多务得[58]，又滋[59]色泽，往往以白合[60]盗叶[61]间之。试时色虽鲜白，其味涩淡者，间[62]白合盗叶之病也。一鹰爪之芽[63]，有两小叶抱而生者，白合也。新条叶之抱生而色白者，盗叶也。造拣芽常剔取鹰爪，而白合不用，况盗叶乎[64]。

[50] 斗：精绝者是指用来斗茶的茶品，故称为"斗"。

[51] 止：只有。

[52] 天材：天然的物产。

[53] 非能皆然：不是都能达到的。

[54] 这里提到作为斗茶的茶品一方面稀有，可遇而不可求；另一方面，茶树品种不稳定，制成的茶也不是一直都好。

[55] 擅：独揽。

[56] 銙：片，十数銙即十几片。銙，本意为玉带上的一节、腰带上的装饰品。宋代借用銙字指北苑贡茶制作过程中的棬、模，即《茶经·二之具》中的规。是指造团饼贡茶的模具，以其形状像玉带上的銙而得名，成为宋代贡茶的专有名词，在宋代文献中亦写作胯、夸。宋赵汝砺《北苑别录·造茶》云："造茶旧分四局……茶堂有东局、西局之名，茶銙有东作、西作之号。"銙因此也指这种贡茶的形态，代指这种贡茶饼。熊蕃《宣和北苑贡茶录》曰："既又制三色细芽，及试新銙、贡新銙（注云：大观二年、政和二年造）；……兴国岩銙、香口焙銙（注云绍圣二年造）。"宋祝穆《方舆胜览》卷一一《建宁府·土产》："贡龙凤等茶"下注引《建宁郡志》："其品大概有四，曰銙、曰截、曰铤，而最粗为末。"是说銙是茶的最高级的形态。同时銙也是茶的计量单位，也就是一饼、一片。姚宽《西溪丛语》卷上云："龙园胜雪，白茶也；茶之极精好者，无出于此，每胯计工价近三十千。"周密《乾淳岁时记·进茶》："仲春上旬，福建漕使进第一纲茶，名北苑试新，方寸小夸，进御止百夸。……乃雀舌水芽所造，一夸之值四十万，仅可供数瓯之啜耳。"

[57] 拣芽和斗品不同，斗品需要特定的茶树，拣芽只要是等

级高、品质好的茶芽就可以，所以是“遍园陇中择其精英者”。

［58］贪多务得：贪多并务求取得。

［59］滋：滋，润泽。

［60］白合：茶始萌芽时两片合抱而生的小叶，白色，制茶时需剔除。详见《东溪试茶录》“白合”条。

［61］盗叶：新的枝叶合抱而生者，也是白色，但比白合还要老一些。

［62］间：混有。

［63］鹰爪之芽：形状似鹰爪的细小茶芽，鹰爪也称为芽茶的雅称。宋熊蕃《宣和北苑贡茶录》：“凡茶芽数品，最上曰小芽，如雀舌、鹰爪，以其劲直纤锐，故号芽茶。”黄庭坚《次韵感春五首》之五：“茶作鹰爪拳，汤作蟹眼煎。”任渊注引《北苑修贡录》云：“茶有小芽，有中芽；小芽者，其小如鹰爪。”相对来说鹰爪是等级高的茶芽。

［64］这句是说，造拣芽这种级别的茶，就需要选取鹰爪这样的茶芽，但是白合和盗叶是需要去除的。

三、入杂

物固不可以容伪[65]，况饮食之物，尤不可也。故茶有入他叶者，建人号为“入杂”。銙列入柿叶，常品入桴槛叶[66]。

二叶易致[67]，又滋色泽，园民欺售直[68]而为之。试时无粟纹[69]甘香，盏面浮散，隐如微毛，或星星如纤絮者[70]，入杂之病也。善茶品者，侧盏视之[71]，所入之多寡，从可知矣[72]。向上下品有之，近虽銙列，亦或勾使[73]。

---

[65] 容伪：包容假货。

[66] 銙指的是高端的茶，和常品相对。“桴槛叶”不详为一种或二种植物，从下文“二叶”来看，应该是一种（和柿叶一共二种）。“桴”通“芣”，或指芣苡，亦作芣苢，即车前草。“槛”《大观茶论》作“榄”，或者橄榄，“桴槛”不确定所指。《大观茶论》：“又至于采柿叶、桴榄之萌，相杂而造。”桴槛采的是芽。

因为宋茶经过压榨，叶子外观无法辨别，所以假冒者考虑的并非叶子外形相似，而是成本低和“滋色泽”。实际上这两种植物叶子和茶叶外观还是颇有差距的。

[67] 易致：容易得到。

[68] 欺售直：用欺骗手段卖高价；直，价值。

[69] 粟纹：一般指小圆点组成的纹样，比如青铜器的粟纹。在宋茶来说，粟纹是点茶是表面沫浡出现的细密的点状纹样，这是由极为细小的泡沫混合而成的。这要求表面的沫浡不仅浓厚，而且细密。

[70] 柿叶之类表面绒毛较多，虽然易于增强色泽，但是在点茶过程中会起破坏作用，即是“隐如微毛，或星星如纤絮

者”。“星星”，散布状。《大观茶论》：“又至于采柿叶、桴榄之萌，相杂而造。时虽与茶相类，点时隐隐如轻絮泛然茶面，粟文不生，乃其验也。”

[71] 侧盏视之：从盏的侧面观察。

[72] 所入之多寡，从可知矣：混入了多少，就由此可知了。

[73] 这句是说，本来混杂这种做法只是在普通茶中出现，近来在高端茶中也有这种现象了。“勾使”，这里是掺假的意思。

四、蒸不熟

谷芽初采，不过盈箱而已，趣时争新之势然也[74]。既采而蒸，既蒸而研。蒸有不熟之病，有过熟之病。蒸不熟，则虽精芽，所损已多[75]。试时色青易沉[76]，味为桃仁之气[77]者，不蒸熟之病也。唯正熟者，味甘香。

[74] 趣时争新之势然也：因为要抓紧时间赶制新茶才会如此。趣时，抓紧时间。

[75] 如果蒸不熟的话，在加工过程中，其实损伤更大。

[76] 色青易沉：蒸不熟的茶制成成品含水率更高，相对更重。

[77] 桃仁之气：指蒸不熟的茶的生味儿。桃仁，桃或山桃核里的仁儿。可制食品，可入中药。

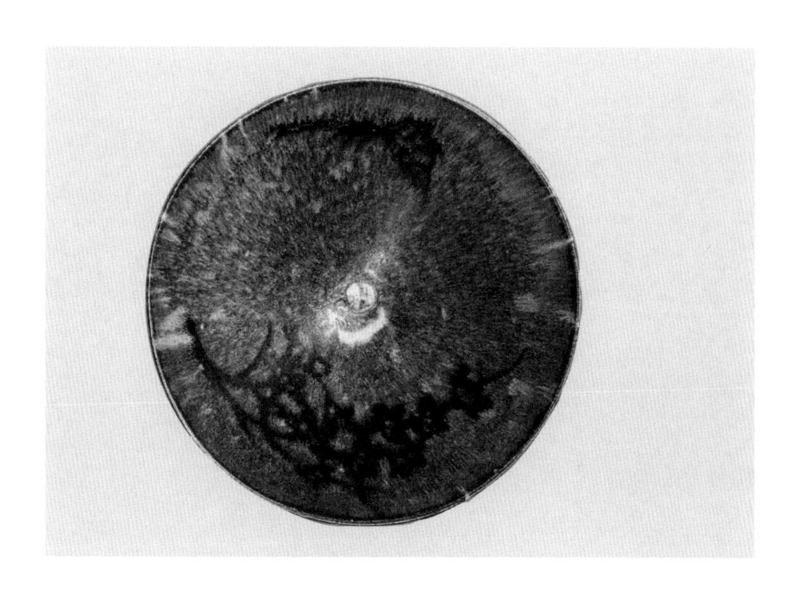

南宋　吉州窑梅花禽鸟斗笠盏

南宋　吉州窑梅花盏

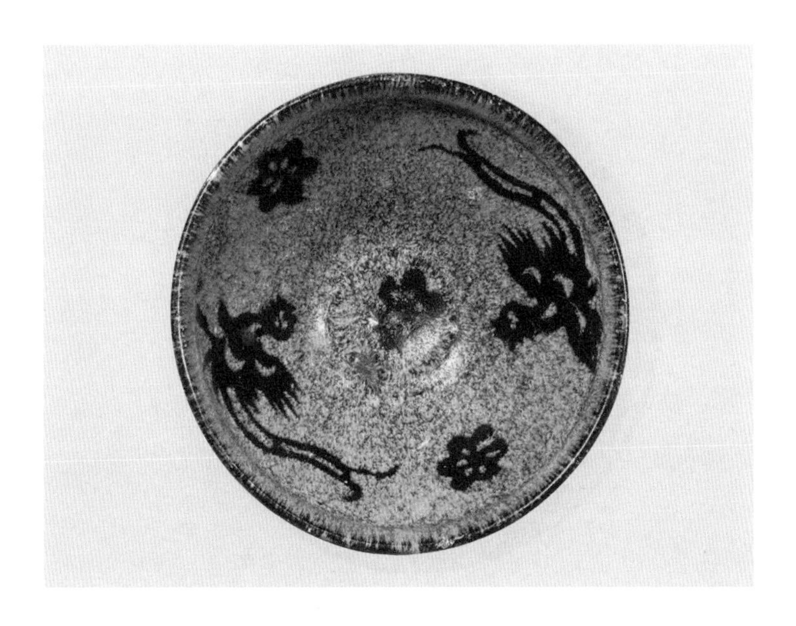

南宋　吉州窑贴花双鸾束口盏

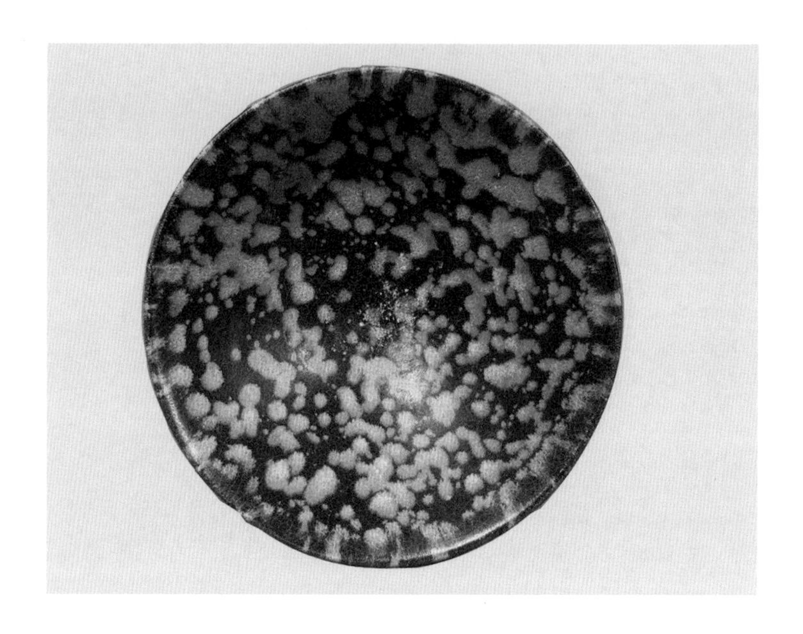

南宋 吉州窑玳瑁釉斗笠盏

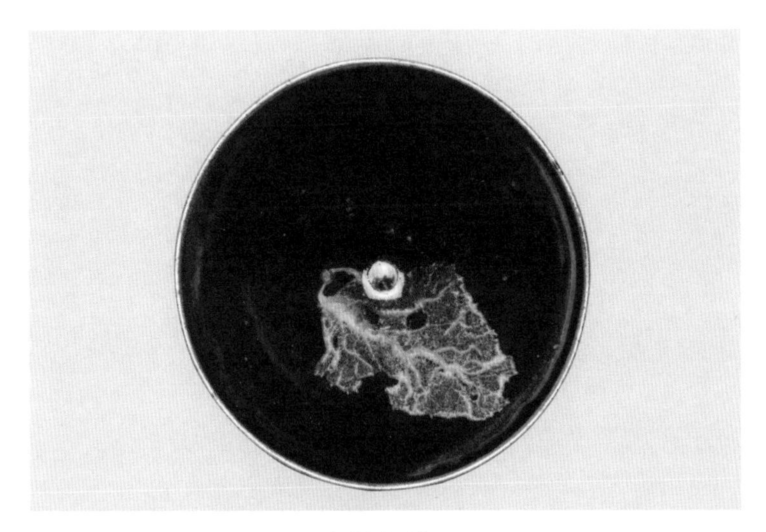

南宋　吉州窑木叶盏

南宋　吉州窑贴花盏

唐宋汤瓶对比图，上为晚唐邢窑白瓷汤瓶，下为北宋青白瓷汤瓶。从中可以清晰看出宋代茶瓶的嘴、嘴的口与末较唐代茶瓶有明显变化，和文中记载吻合，更易于点茶。

枪（茶芽）与旗（初展的叶面）

五、过熟

茶芽方蒸，以气为候[78]，视之不可以不谨[79]也。试时色黄而粟纹大者[80]，过熟之病也。然虽过熟，愈于不熟[81]，甘香之味胜也。故君谟论色，则以青白胜黄白；余论味，则以黄白胜青白[82]。

六、焦釜

茶，蒸不可以逾久[83]，久而过熟，又久则汤干，而焦釜之气[84]上。茶工有泛新汤以益之[85]，是致熏损茶黄[86]。试时色多昏红，气焦味恶者，焦釜之病也。建人号为热锅气。

---

[78] 以气为候：通过观察蒸汽来掌握火候。

[79] 谨：慎重，小心。

[80] 粟纹大者：指沫浡上细小的圆点纹过大。

[81] 愈于不熟：比不熟还是好些。

[82] 作者和蔡襄的侧重点不同，蔡襄是侧重斗茶的效果，青白的视觉效果更好；黄儒从味道的角度来看，黄白的味道更好一些。蔡襄《茶录》：“黄白者受水昏重，青白者受水鲜明，故建安人开试，以青白胜黄白。”

[83] 逾久：过久。

[84] 焦釜之气：蒸锅水烧干了出现的糊味儿。

[85] 泛新汤以益之：在锅里补加热水。

[86] 这样做会熏茶过度导致茶黄受损。杀青要求高温快速，如果过久甚至再加水，就会出现茶叶变黄的发酵现象，类似黄茶闷黄（湿坯）的原理，根据程度不同，由浅黄转为暗黄甚至暗红色，包括茶汤颜色也受影响，所以下文说："试时色多昏红。"

七、压黄[87]

茶已蒸者为黄[88]，黄细则已入卷模制之矣[89]。盖清洁鲜明，则香色如之。故采佳品者，常于半晓[90]间冲蒙[91]云雾，或以罐汲[92]新泉悬胸间，得必投其中，盖欲鲜也。其或日气烘烁[93]，茶芽暴长，工力不给[94]，其采芽已陈而不及蒸，蒸而不及研，研或出宿[95]而后制，试时色不鲜明，薄如坏卵气[96]，压黄之病也。

八、渍膏[97]

茶饼光黄，又如荫润[98]者，榨不干也。榨欲尽去其膏，膏尽则有如干竹叶之色。唯饰首面[99]者，故榨不欲干，以利易售。试时色虽鲜白，其味带苦者[100]，渍膏之病也。

[87] 压黄：压黄在宋茶中有两种用法，一种是单纯指蒸青后压榨的工艺，另一种指茶病，这里是后者。参见本书《东溪试茶录》“压黄”条。

[88] 黄：鲜叶经过蒸青之后称为“黄”，如“压黄”指对茶进行压榨，“过黄”指焙火和蒸汽熏。宋赵汝砺《北苑别录》：“茶既熟谓茶黄。”

[89] 黄细则已入卷模制之矣：蒸青之后，茶叶变得细小，就可以放入模子里面进行压榨了。“卷模”，有两种所指：一种是压榨时的工具，一种是研磨后压制成饼的工具，这里指前者。“卷”亦作“棬”，见前文“制卷鬻新”条。

[90] 半晓：天色半亮。

[91] 冲蒙：冒着。

[92] 汲：取水、打水。

[93] 日气烘烁：阳光照射，气温升高。

[94] 茶芽暴长，工力不给：茶芽长得过快，人工达不到、不够用。

[95] 出宿：过夜。

[96] 薄如坏卵气：气味淡薄，有坏鸡蛋的味道。宋宋子安《东溪试茶录》：“弇然气如假鸡卵臭也。”

[97] 渍膏：渍，浸渍，指膏未去净；膏就是压榨流出的汁液。

[98] 荫润：带有湿气、不干。

[99] 饰首面：装饰表面。

[100] 其味带苦者：压榨时流出的汁液含有大量茶多酚和咖啡因，是茶叶苦涩的来源。如果压榨不尽，制成的茶就会有苦涩。和现代泡茶饮用不同，宋代的茶末是要和沫饽茶汤一同食用，所以要求茶更加不能有苦涩。

九、伤焙

夫茶本以芽叶之物就之卷模，既出卷，上笪[101]焙之，用火务令通彻即以灰覆之[102]，虚其中，以热火气[103]。然茶民不喜用实炭，号为冷火[104]，以茶饼新湿，欲速干以见售，故用火常带烟焰。烟焰既多，稍失看候，以故熏损茶饼[105]。试时其色昏红，气味带焦者[106]，伤焙之病也。

十、辨壑源、沙溪

壑源、沙溪，其地相背，而中隔一岭[107]，其势[108]无数里之远，然茶产顿殊[109]。有能出力移栽植之，亦为土气所化[110]。窃尝怪茶之为草，一物尔，其势必由得地而后异[111]。岂水络地脉，偏钟粹于壑源[112]？抑御焙[113]占此大冈巍陇[114]，神物伏护，得其余荫耶[115]？何其甘芳精至而独擅天下[116]也。观乎春雷一惊[117]，筠笼才起[118]，售者已担簦挈橐[119]于其门，或先期而散留金钱[120]，或茶才入笪而争酬所直[121]，故壑源之茶常不足客所求。其有桀猾[122]之园民，阴[123]取沙溪茶黄[124]，杂就家卷[125]而制之，人徒趣其名[126]，睨其规模之相若[127]，不能原其实[128]者，盖有之矣。凡壑源之茶售以十，则沙溪之茶售以五，其直大率仿此[129]。然沙溪之园民，亦勇于为利[130]，或杂以松黄[131]，饰其首面。

凡肉理怯薄[132]，体轻而色黄，试时虽鲜白不能久泛，香薄而味短者，沙溪之品也。凡肉理实厚，体坚而色紫，试时泛盏凝久[133]，香滑而味长者，壑源之品也。

---

[101] 笪：粗竹席，这里指一种竹制的焙茶工具，也可能就是焙篓。

[102] 用火务令通彻即以灰覆之：碳完全烧红了就要用灰来覆盖。

[103] 这句是说，火堆内部中间部分留一点空间，让碳能持续燃烧。

[104] 有的茶民认为这种做法火温低，太慢了。

[105] 茶民急功近利，急于抢先上市，所以用火比较急，火候稍微没把握好就会让茶饼受到破坏。

[106] 焙火过深，汤色就会发红，（如今日之岩茶）；火大夹烟，茶会有焦味。

[107] 壑源、沙溪，其地相背，而中隔一岭：此岭即望洲山，即北苑南山主峰。宋宋子安《东溪试茶录》："山起壑源口而西，周抱北苑之群山，迤逦南绝其尾。岿然山阜高者为壑源头，言壑源岭山自此首也。大山南北以限沙溪。"关于壑源、沙溪的地望分析及所包括的茶园，详见本书《东溪试茶录》部分及相关注释。

[108] 势：地势。

[109] 顿殊：马上就有变化。

[110] 这两个地方的茶即使进行互相移栽，最终还是因为土壤环境不同，而变得和周围的茶一样。

[111] 这句是说，私下里感到奇怪，茶不过是一种植物罢了，肯定是因为受到土地的影响才会有差异。

[112] 难道是因为水地脉络，特别的汇聚到壑源这里？这里是风水的观念，认为地形和地下水等的走势会影响一个地方的气场。

[113] 御焙：指北苑龙焙，参见《东溪试茶录》“北苑龙焙”条。

[114] 大冈巍陇：高大的山冈。

[115] 这里是认为有神物护佑，才会如此奇特。在宋人的观念中，这是很常见的。余荫：恩泽。

[116] 甘芳精至而独擅天下：精至，即精致，工巧细致。独擅天下：天下独有。

[117] 春雷一惊：惊蛰前后。所谓惊蛰，即使指天上的春雷惊醒蛰居的动物。

[118] 筠笼才起：刚刚开采的时候。筠笼，竹篮、竹筐。

[119] 担簦挈橐：担着筐，提着袋子。簦：dēng，本义指长柄斗笠，这里指装茶的器具。橐：tuó，口袋。

[120] 先期而散留金钱：事先留下一些金钱。

[121] 茶才入笪而争酬所直：茶才开始焙火就争抢着付钱。笪，就是上文焙茶的工具。

[122] 桀猾：凶恶狡猾。

[123] 阴：偷着。

[124] 茶黄：经过蒸青的茶叶。

[125] 杂就家卷：混入自家制茶的模具里。

[126] 徒趣其名：只知道追求名声。

[127] 睨其规模之相若：看到外形、形制差不多。

[128] 原其实：推究其真实情况。

[129] 沙溪茶价格差不多是壑源的一半。直，值，茶价。

[130] 勇于为利：在谋利这方面也很拼、很大胆。

[131] 松黄：松花，春天时松树雄枝抽新芽时的花骨朵。用来增加表面的光泽。

[132] 肉理怯薄：肉理：质地。犹指透过表面来看内在的质地。怯薄：薄弱。

[133] 泛盏凝久：指沫浡长久浮于茶汤表面而不散。

后　论

余尝论茶之精绝者，白合未开，其细如麦，盖得青阳[134]之轻清者也。又其山多带砂石而号嘉品[135]者，皆在山南，盖得朝阳之和者也[136]。余尝事闲[137]，乘晷景[138]之明净，适[139]轩[140]亭之潇洒，一取佳品尝试，既而神水生于华池[141]，愈甘而清，其有助乎！然建安之茶，散天下者不为少，而得建安之精品不为多，盖有得之者亦不能辨；能辨矣，或不善于烹试；善烹试矣，或非其时，犹不善也；况非其宾乎[142]？然未有主贤而宾愚者也。夫惟知此，然后尽茶之事[143]。昔者陆羽号为知茶，然羽之所知者，皆今之所谓草茶[144]。何哉？如鸿渐所论“蒸笋并叶，畏流其膏”[145]，盖草茶味短而淡，故常恐去膏；建茶力厚而甘，故惟欲去膏[146]。又论福建为“未详，往往得之，其味极佳。”[147]由是观之，鸿渐未尝到建安欤？[148]

---

[134] 青阳：春天。

[135] 嘉品：美善之品。

[136] 盖得朝阳之和者也：应该是得到了朝阳和谐（的能量）吧。

[137] 事闲：工作上有空闲。

[138] 晷景：晷表之投影，指光阴。

[139] 适：逢、遇到。

[140] 轩：有窗槛的小室或长廊。

[141] 神水生于华池：神水，有神奇功效的灵水，这里指的是唾液。华池，指舌下，泛指口。《太平御览》卷三六七引《养生经》：“口为华池。”这句话也就是今日品茶所谓“舌底鸣泉”之意。

[142] 即使善于点茶，如果时机不对，也不会有好的效果，何况是面对不合适的客人（一同喝茶）。一说此处主宾指茶和水及茶具，一般来说，主宾并非单纯主要次要，而是有施动与被动关系，此说略牵强。

[143] 尽茶之事：将茶事做到位。

[144] 草茶：宋代茶大致可分为两类，一类为压制茶，即銙茶、片茶、团茶等，这类茶经过研膏的工艺。另一类为散茶，称草茶，这类茶只经过杀青，并未研膏。一般来说，片茶较为高端，包括贡茶在内；而草茶为民间所用，“草”字本身即有民间的意味。故而黄儒这里称陆羽所知为草茶，略有轻视。但草茶中也不乏顶级嘉品，比如“双井”“日铸”。宋欧阳修《归田录》卷一：“草茶盛于两浙，两浙之品，日注为第一。自景祐已后，洪州双井白芽渐盛，近制作尤精……其品远出日注上，遂为草茶第一。”这些草茶价格不菲，比普通的片茶还要难得。

[145] 此句出陆羽《茶经·二之具》。

[146] 建茶去膏，草茶存膏，这不单纯因为建茶所含物质丰富，而是有多方面的原因。最为关键的是，建茶用于点茶，茶水比例要比陆羽时代的煮茶高得多（点茶一勺茶粉放入半盏水，煮茶是一勺茶粉在锅里煮）。如果用存膏的加工方式，那将会十分苦涩，难于下咽。今日日本用于点茶的原料茶树往往需要进行遮阴，主要的考虑也是降低苦涩。如果用普通的绿茶来点茶，也会苦涩度过高。

[147] 此句出《茶经·八之出》，陆羽对于品评的态度还是比较严谨的，只有较为了解的才会列出高下，福建的茶他只是不时尝到一些，所以并未品评高下，只是大致给予肯定。

[148] 从陆羽的描述来看，他的确未曾到过建安，陆羽生平的记载也支持这个观点。

大观茶论[1]

赵佶[2]

---

[1] 大观茶论：原名《茶论》，本书序言："叙本末列于二十篇，号曰《茶论》。"熊蕃《宣和北苑贡茶录》："至大观初今上亲制《茶论》二十篇"，南宋晁公武《郡斋读书志》著录此书："《圣宋茶论》一卷，右徽宗御制"（公武宋人，故称"圣宋"）。《文献通考》沿录。因本书做于大观年间（1107—1110），后遂改称《大观茶论》，明陶宗仪《说郛》即用此名，后代《古今图书集成》等沿用此名。

此书全面记录的北苑茶的生长、采制、点茶、品鉴、存储等方面的知识。相对而言，与茶树产地、生长、加工相关的部分并非本书所长，在点茶与品鉴方面则留下珍贵记录。是宋代最为重要的茶书之一。

此书现存多种《说郛》本和《古今图书集成》本。今以涵芬楼《说郛》本为底本，参照其他版本勘校而成。

[2] 赵佶：宋徽宗（1082—1135），（1100—1126）在位，徽宗即位之初，颇有新气象，后荒于政事，致使国家运行出现多方面问题。金兵入侵，徽宗禅位于太子，被掳北上，历九年，身死五国城。

徽宗有着极高的艺术修养和全面的艺术才能，书画俱佳，亦是多方面的收藏与鉴赏大家。在位时设立了皇家书画院，推动了当时艺术的兴盛。

徽宗精于茶艺，经常亲自点茶，与大臣分享。蔡京《太清楼侍宴记》："遂御西阁，亲手调茶，分赐左右。"并下诏北苑制造了大量精品贡茶，这些内容记录于熊蕃《宣和北苑贡茶录》中。

序

尝谓，首地而倒生[3]，所以供人求者[4]，其类不一。谷粟[5]之于饥，丝枲[6]之于寒，虽庸人孺子[7]皆知，常须而日用[8]，不以岁时之舒迫[9]而可以兴废也。至若茶之为物，擅瓯闽之秀气[10]，钟山川之灵禀[11]，祛襟涤滞[12]，致清导和[13]，则非庸人孺子可得而知矣；冲澹简洁[14]，韵高致静，则非遑遽[15]之时可得而好尚[16]矣。

---

[3] 首地而倒生：草木由下向上长枝叶，故称草木为“倒生”。《淮南子·原道训》：“秋风下霜，倒生挫伤。”高诱注：“草木首地而生，故曰倒生。”

[4] 供人求者：满足人需求的东西。

[5] 谷粟：谷类的总称。

[6] 丝枲：生丝和麻。枲，音xǐ。

[7] 庸人孺子：普通人和小孩子。

[8] 常须而日用：平时都需要，每天都要用到。

[9] 岁时之舒迫：年景的好坏。舒，宽裕；迫，窘迫。

[10] 擅瓯闽之秀气：独占瓯闽的灵秀之气。瓯闽：指浙江南部与福建一带。

[11] 钟山川之灵禀：汇聚了山川神奇的给予。禀：赐予，赋予。

[12] 祛襟涤滞：去除滞碍。祛、涤都是去除的意思。襟，衣的交领，此处指胸前的屏障、障碍。

[13] 致清导和：使人清虚平和。

[14] 冲澹简洁：冲和淡泊、简约清洁。前面说的是茶的功用，这里形容的是茶之境界，不是茶的味道。

[15] 遑遽：恐慌、慌乱。

[16] 好尚：爱好崇尚。

本朝之兴，岁修建溪之贡[17]，龙团凤饼[18]，名冠天下，壑源[19]之品亦自此盛。延及于今，百废俱举[20]，海内晏然[21]，垂拱密勿[22]，俱致无为。荐绅之士[23]，韦布之流[24]，沐浴膏泽[25]，熏陶德化[26]，咸以雅尚[27]相推[28]，从事茗饮。故近岁以来，采择之精，制作之工[29]，品第之胜[30]，烹点[31]之妙，莫不咸造其极[32]。且物之兴废固自有，然亦系乎时之污隆[33]。时或遑遽，人怀劳悴[34]，则向[35]所谓常须而日用，犹且汲汲营求[36]，惟恐不获，饮茶何暇[37]议哉！世既累洽[38]，人恬物熙[39]，则常须而日用者，因而厌饫狼籍[40]。而天下之士，厉志清白[41]，竞为闲暇修索之玩[42]，莫不碎玉锵金[43]，啜英咀华[44]，较筐箧[45]之精，

争鉴裁[46]之妙。虽否士[47]于此时，不以蓄茶为羞，可谓盛世之清尚[48]也。

---

[17] 建溪之贡：建溪，闽江北源。在今福建省北部，由南浦溪、崇阳溪、松溪合流而成。南流至南平市和富屯溪、沙溪汇合为闽江。长296公里，亦名剑溪，又称延平津。宋代建州产名茶、贡茶，正在建溪流域，故以建溪代指建茶。梅尧臣《得雷太简自制蒙顶茶》：“陆羽旧《茶经》，一意重蒙顶。比来唯建溪，团片敌金饼。”陆游《建安雪》：“建溪官茶天下绝，香味欲全须小雪。”宋初建州即造贡茶，《宣和北苑贡茶录》载：“太平兴国初特置龙凤模，遣使即北苑造团茶，以别庶饮，龙凤茶盖始于此。”

[18] 龙团凤饼：即宋代贡茶龙凤团茶。其茶属紧压茶类，称为团、饼、片茶，其义正同。因茶饼表面有龙、凤饰纹而得名。欧阳修《归田录》载：“茶之品莫贵于龙凤，谓之团茶。凡八饼重一斤。”龙凤团茶北宋初兴贡茶时即已出现，后经过丁谓、蔡襄等人递加改进，愈加精美。

[19] 壑源：即今东峰镇裴桥村福源自然村一带，参见本书《东溪试茶录》“壑源”条。壑源是贡茶核心产地，壑源茶在建茶中属最上品，《东溪试茶录》：“好者亦取壑源口南诸叶，皆云弥珍绝。”

[20] 百废俱举：一切废置的事都兴办起来。

[21] 晏然：安宁、安闲。

[22] 垂拱密勿：无需辛劳努力。密勿，勤勉努力；垂拱，垂衣拱手，无需做事。后面还说幸运地达到了无为的境地，也是一个意思。其时海内危机四伏，徽宗显然活在无为而治的幻象里。

[23] 荐绅之士：荐，通“搢”。荐绅即缙绅，插笏于绅带间，旧时官宦的装束，借指士大夫。

[24] 韦布之流：韦带布衣，古指未仕者或平民的寒素服装，借指寒素之士，平民。

[25] 沐浴膏泽：承接恩赐。膏泽，滋润作物的雨水，指由上而下的恩惠。

[26] 熏陶德化：受到德行的熏陶感化。德化，以德行教化。

[27] 雅尚：风雅高尚。

[28] 相推：互相推崇。

[29] 工：精致。

[30] 品第之胜：品评之事的兴盛。品第，评定并分列次第。

[31] 烹点：煮茶与点茶，宋时饮茶的两种主要方式，泛指一切饮茶。

[32] 莫不咸造其极：莫不都是达到了极致、都达到了极致。

[33] 系乎时之污隆：污隆，升与降。指世道的盛衰或政治的兴替。（事物的兴废）也和世道盛衰有很大关系。

[34] 劳悴：亦作“劳瘁”，辛苦劳累。

[35] 向：刚才，指上文。

[36] 汲汲营求：急切的追求，汲汲，急切的样子。

[37] 暇：空闲。

[38] 累洽：太平相承。指宋代承平日久，盛世相继。班固《东都赋》："至于永平之际，重熙而累洽。"

[39] 人恬物熙：人民安宁，事物和美。

[40] 厌饫狼籍：满足以致大量堆积。厌饫：吃饱，满足。狼籍：散乱堆积。

[41] 厉志清白：致力于品行高洁。厉，同"励"。

[42] 闲暇修索之玩：空闲时修行探索的玩赏之好。

[43] 碎玉锵金：指用茶碾将茶碾碎。碎玉，指将茶碾成碎末；锵金，指碾茶时金属茶碾碰撞发出的声音。

[44] 啜英咀华：指饮茶。啜，饮；咀，含在嘴里品味。英、华：精华，指茶。

[45] 箧笥：qiè sì，藏物的竹器，这里代指藏的茶。

[46] 鉴裁：审察识别（茶）的优劣。

[47] 否士：犹指鄙陋之士。否，鄙陋。

[48] 清尚：清雅的风尚。

呜呼！至治之世[49]，岂惟[50]人得以尽其材，而草木之灵者，亦得以尽其用矣[51]。偶因暇日[52]，研究精微，所得之妙，人有不自知为利害者，叙本末[53]，列于二十篇，号曰《茶论》。

---

[49] 至治之世：安定昌盛、教化大行的时世。徽宗认为当时就

是这样的时代。

[50] 岂惟：难道只是。

[51] 不只是人尽其才，茶也能尽其用。

[52] 偶因暇日：偶然借着空闲时间。

[53] 本末：始末，原委。

地产

植产之地[54]，崖必阳，圃必阴[55]。盖石之性寒，其叶抑以瘠[56]，其味疏以薄[57]，必资阳和以发之[58]。土之性敷[59]，其叶疏以暴[60]，其味强以肆[61]，必资木以节之[62]。今圃家[63]皆植木以资茶之阴。阴阳相济[64]，则茶之滋长得其宜。

[54] 植产之地：种植出产（茶）的地方。

[55] 崖必阳，圃必阴：山崖之上的需要在阳面（山的南面），园子需要有遮阴。即陆羽《茶经》所谓“阳崖阴林”。相对来说，山地本身气温较低，需要更多的日照，平地气温较高，日照不宜过强，需要有遮阴。但这也不是绝对的，还要看具体气候与环境。

[56] 抑以瘠：受到抑制而瘦弱。

[57] 疏以薄：分散而单薄。

[58] 必资阳和以发之：需要依靠阳气中和来助发。

[59] 敷：供给充足。

[60] 疏以暴：开散而外露，指成长过快。

[61] 强以肆：浓强而恣肆。

[62] 必资木以节之：需要借助树木遮蔽来节制它。

[63] 圃家：茶园种茶之人。

[64] 阴阳相济：阴阳互相调剂助益，达到和谐。

天时[65]

茶工作于惊蛰[66]，尤以得天时为急[67]。轻寒，英华渐长[68]，条达而不迫[69]，茶工从容致力，故其色味两全。若或时旸郁燠[70]，芽奋甲暴[71]，促工暴力[72]，随槁[73]。晷刻[74]所迫，有蒸而未及压，压而未及研，研而未及制，茶黄留渍[75]，其色味所失已半。故焙人[76]得茶天[77]为庆。

采择

撷[78]茶以黎明，见日则止[79]。用爪断芽，不以指揉[80]，虑[81]气汗熏渍[82]，茶不鲜洁。故茶工多以新汲水[83]自随，得芽则投诸水。

［65］天时：自然运行的时序。

［66］茶工作于惊蛰：茶工在惊蛰时开始工作。惊蛰一般是公历的三月五日或六日。

［67］急：紧要。

［68］英华渐长：茶芽渐渐生长。

［69］条达而不迫：生长舒展而不急迫。

［70］时旸郁燠：日晒闷热的时候。旸，太阳，指晴天；郁燠，闷热。

［71］芽奋甲暴：指芽叶生长过快。奋，奋力，施展。甲，本义指草木生芽后所戴的种皮裂开。《六书故》：甲象草木戴种而出之形。暴，急骤。甲暴，这里指茶芽萌发，外表面较硬的小叶张开，这个过程进行得过快。

［72］促工暴力：指非常急促的采茶。促工，急促的工作（采茶）；暴力，快速地用力（采茶）。

［73］随槁：（采下来的茶）很快就会被晒干枯。随，随即，紧跟着。宋代贡茶所采为细嫩茶芽，和今日有所不同，很怕日晒，所以如果碰到大太阳的天气，是来不及操作的。不仅如此，如果是顶级的嫩芽，需要采摘后马上投入水中，茶工采茶时都是带着水罐的。本书下文有述。

［74］晷刻：日晷与刻漏，指时间、时刻。

［75］茶黄留渍：指蒸过的茶没有来得及制作，有汁液残留。茶黄，指蒸青之后的茶叶。宋赵汝砺《北苑别录》：“茶既熟谓茶黄。”

［76］焙人：茶焙中的茶工，制茶人。

［77］茶天：适于制茶的天时。

［78］擷：摘下，取下。

［79］见日则止：太阳升起就停止，前面的"黎明"指天欲亮未亮。

［80］用爪断芽、不以指揉：用指甲掐断茶芽，不能用手指揉搓。宋代贡茶所采茶芽极细嫩，所以需要用指甲掐，不能用手指。《东溪试茶录》："凡断芽必以甲不以指，以甲则速断不柔，以指则多温易损。"

［81］虑：担心。

［82］气汗熏渍：受手的温度和汗的熏染。

［83］汲水：从井里打水，取水。

凡芽如雀舌、谷粒[84]者为斗品[85]，一枪一旗为拣芽[86]，一枪二旗为次之，余斯为下。茶始芽萌，则有白合[87]；既擷，则有乌蒂[88]。白合不去，害[89]茶味；乌蒂不去，害茶色。

［84］雀舌、谷粒：指极细嫩的茶芽，这种称呼宋代之前已经存在，宋代沿用。宋沈括《梦溪笔谈》卷二四："茶芽，古人谓之雀舌、麦颗，言其至嫩也。"唐刘禹锡《病中一二禅客见问因以谢之》诗："添炉烹雀舌，洒水净龙须。"

［85］斗品：宋代用于斗茶的精选顶级茶芽。宋黄儒《品茶要

录》："茶之精绝者曰斗，曰亚斗，其次拣芽，茶芽。"苏轼《荔枝叹》："今年斗品充官茶。"

[86] 一枪一旗为拣芽：一芽一叶的称为"拣芽"。旗指初展的叶片、枪指茶芽，这种称呼宋之前已有，五代毛文锡《茶谱》："团黄有一旗二枪之号"，今日福建的一些茶类仍然沿用这样的称呼。拣芽比斗品等级要低，但是和现在的一芽一叶比要更嫩一些，主要是采摘节点与工艺要求不同。宋黄儒《品茶要录》："茶之精绝者曰斗，曰亚斗，其次拣芽，茶芽。"

[87] 白合：茶始萌芽时两片合抱而生的小叶，制茶时需剔除。详见《东溪试茶录》注释"白合"条。

[88] 乌蒂：又称鱼叶，新梢每次生长抽出的第一片或头几片不完全叶。详见《东溪试茶录》注释"乌蒂"条。

[89] 害：损害。

蒸压[90]

茶之美恶，尤系于蒸芽、压黄[91]之得失。蒸太生，则芽滑[92]，故色清而味烈[93]；过熟，则芽烂[94]，故茶色赤[95]而不胶[96]。压久则气竭味漓[97]，不及则色暗味涩[98]。蒸芽欲及熟而香[99]，压黄欲膏尽亟止[100]。如此，则制造之功十已得七八矣。

[90] 蒸压：指蒸芽和压黄。

[91] 蒸芽、压黄：制茶的两道工序。宋代制茶采用蒸青制法，茶青蒸过之后再进行压榨。压黄在宋代有两种用法。一种单纯指压茶的工艺，另外一种是指工艺上的缺陷。参见《东溪试茶录》《品茶要录》。

[92] 芽滑：因为蒸青不足，茶芽含水率较高，含果胶质较多。

[93] 色清而味烈：蒸青不足呈现色淡，青味过重的问题。《品茶要录·不熟》："试时色青易沉，味为桃仁之气者，不蒸熟之病也。"

[94] 芽烂：蒸青过度，导致纤维破坏严重，芽容易烂。

[95] 色赤：一般来说蒸青过度会颜色偏黄。《北苑别录》："过熟则色黄而味淡。"《品茶要录》："试时色黄而粟纹大者，过熟之病也。"

[96] 不胶：因为胶质流失，造成茶叶的粘合度较差。

[97] 气竭味漓：气味浇薄。压茶过久，内含物质流失过多，香气和味道变淡。

[98] 色暗昧涩：压茶不够则颜色偏暗，味道偏涩。茶中的涩味主要是多酚类物质，嫩芽相对来说含量不多，再经过压榨能基本除去。如果压榨不够，多酚类物质氧化，导致颜色偏暗，同时味道偏涩。

[99] 蒸芽欲及熟而香：蒸芽要达到刚好蒸熟散发香气的火候为好。

[100] 压黄欲膏尽亟止：压黄以汁液刚压干净就马上停止为好。

制造

涤芽[101]惟洁，濯器[102]惟净，蒸压惟其宜[103]，研膏惟熟[104]，焙火惟良[105]。饮而有少砂者[106]，涤濯之不精也；文理燥赤者[107]，焙火之过熟也。夫造茶，先度日晷之短长[108]，均工力之众寡[109]，会采择之多少[110]，使一日造成，恐茶过宿[111]，则害色味。

鉴辩

茶之范度[112]不同，如人之有首面[113]也。膏稀者，其肤蹙以文[114]；膏稠者，其理敛以实[115]。即日[116]成者，其色则青紫[117]；越宿制造者，其色则惨黑[118]。有肥凝[119]如赤蜡者，末虽白，受汤[120]则黄；有缜密[121]如苍玉[122]者，末虽灰，受汤愈白。有光华外暴而中暗[123]者，有明白内备而表质[124]者，其首面之异同，难以概论。要之[125]，色莹彻[126]而不驳[127]，质缜绎而不浮[128]，举之则凝然[129]，碾之则铿然[130]，可验其为精品也。有得于言意之表者[131]，可以心解[132]。

比[133]又有贪利之民，购求外焙[134]已采之芽，假以制造；研碎已成之饼，易以范模[135]。虽名氏、采制似之[136]，其肤理[137]色泽，何所逃于鉴赏哉[138]。

[101] 涤芽：宋代制茶中的洗茶芽的工序。宋赵汝砺《北苑别录》：“茶芽再四洗涤，取令洁净……”

[102] 濯器：洗涤做茶的器具。

[103] 惟其宜：即上文“蒸芽欲及熟而香，压黄欲膏尽亟止”。

[104] 研膏惟熟：《说郛》作“研膏惟热”，误。所谓“熟”，指研茶时研磨充分，把水研干，根据茶饼等级，需要研磨不同的次数。宋赵汝砺《北苑别录》“研茶之具，以柯为杵，以瓦为盆，分团酌水，亦皆有数。上而胜雪、白茶以十六水，下而拣芽之水六，小龙凤四，大龙凤二，其余皆一十二焉。自十二水以上，日研一团，自六水而下，日研三团至七团。每水研之，必至于水干茶熟而后已。水不干则茶不熟……”

[105] 焙火惟良：焙火一定要掌握好火候。

[106] 饮而有少砂者：饮用时有少量砂子的茶。

[107] 文理燥赤者：表面纹理干燥泛红的茶。

[108] 度日晷之短长：测量日影的长短，指看时间。

[109] 均工力之众寡：调节茶工效能的多少。均，调整、调节。

[110] 会采择之多少：计算采摘量的多少。会，音 kuài ，计算，合计。

[111] 过宿：过夜。无论是蒸青、压榨还是研膏、焙火，中间都不能有太长时间间隔，会导致茶质下降。一方面可能会导致发酵，另一方面会导致味道流失和改变。宋黄儒《品茶要录》：“其采芽已陈而不及蒸，蒸而不及研，研或出宿而后制，试时色不鲜明，薄如坏卵气，压黄之病也。”

[112] 范度：品类样式。

［113］首面：指外表。分开说的话：首指头发，面指面容。

［114］其肤蹙以文：（研膏稀的），其表面呈现皱缩的纹理。蹙，聚拢，皱缩；文，纹理。

［115］其理敛以实：表面的质地致密内敛。

［116］即日：当天。

［117］青紫：青紫为古时公卿绶带之色，这个词本身即代指显贵。所以这个颜色带有高贵的意象。

［118］惨黑：暗黑色。

［119］肥凝：肥润有光泽。

［120］受汤：亦作“受水”，指点茶入水，茶与水融合。

［121］缜密：细密。

［122］苍玉：青玉、青绿色的玉。

［123］光华外暴而中暗：表面光华外露但内部暗淡。

［124］明白内备而表质：内在纯净具足表面却很质朴。

［125］要之：要而言之，总之。

［126］莹彻：明洁，莹洁。

［127］驳：颜色不存，夹有杂色。

［128］质缜绎而不浮：质地细密连续而不飘忽。绎，连绵不断、连续。浮，轻忽、浮于表面。

［129］凝然：多指人神态安然，这里指茶质厚重。

［130］铿然：声音清亮。形容敲击金石所发出的响亮的声音。

［131］得于言意之表者：通过外在的言语意思来了解。

［132］可以心解：用心去领悟。

［133］比：近来。

[134] 外焙：相较于北苑龙焙或正焙而言，是正焙外围周边的焙场。南宋蔡絛《铁围山丛谈》："建溪龙茶，始江南李氏。号北苑龙焙者，在一山之中间，其周遭则诸叶地也。居是山，号正焙。一出是山之外，则曰外焙。正焙、外焙，色香必迥殊。"则内外是以地理位置区分。宋宋子安《东溪试茶录》："我宋建隆已来，环北苑近焙，岁取上供，外焙俱还民间而裁税之。"则相对于正焙，外焙为民间焙场。

[135] 这一段讲了两种用外焙茶制假的方法：一种是直接用外焙的茶芽作为原料来制茶。另外一种是把外焙已经制好的茶重新打碎，改换模具。

[136] 名氏采制似之：名称（指模具压成的样式）、采制方式与其相似。

[137] 肤理：表面质地。

[138] 何所逃于鉴赏哉：哪里逃得过鉴赏呢？

白茶[139]

白茶自为一种，与常茶不同。其条敷阐[140]，其叶莹薄[141]。崖林之间偶然生出，盖非人力所可致[142]。正焙[143]之有者不过四、五家[144]，生者不过一、二株，所造止于二、三銙[145]而已。芽英不多，尤难蒸焙[146]，汤火一失[147]，则已变而为常品。须制造精微，运度[148]得宜，则表里昭澈[149]，如玉之在璞[150]，他无与伦[151]也。浅焙[152]亦有之，但品格[153]不及。

[139] 白茶：这里的白茶指北苑一带所产的叶色偏白的茶树品种，是顶级贡茶的原料，可遇不可求。其工艺与其他北苑贡茶基本相同。与今日六大茶类所谓“白茶”不同。也称“白叶茶”。宋子安《东溪试茶录》：“一约白叶茶，民间大重，出于近岁，园焙时有之。地不以山川远近，发不以社之先后，芽叶如纸，民间以为茶瑞，取其第一者为斗茶，而气味殊薄，非食茶之比……”这类白茶受到重视主要有两方面原因：一方面因为在斗茶上茶色贵白，白茶用来斗茶的视觉效果更好；另一方面因为宋代的祥瑞文化发达，白茶因其稀少，又产于贡茶区域，代表着天地所赐予皇家的祥瑞。但这种茶因为芽叶单薄，口感并不好。所以宋子安也说“气味殊薄，非食茶之比”。

[140] 敷阐：舒展、开张。

[141] 莹薄：光洁轻薄。

[142] 盖非人力所可致：大概不是人力所能达到的。这种变异品种不仅生出是偶然的，而且品种并不稳定，不一定能长久保持。

[143] 正焙：指专门制造北苑贡茶的官焙，也即是北苑的核心产区。参见《东溪试茶录》“北苑龙焙”条。

[144] 不过四、五家：宋子安《东溪试茶录·茶名》：“今出壑源之大窠者六，叶仲元、叶世万、叶世荣、叶勇、叶世积、叶相。壑源岩下一，叶务滋。源头二，叶团、叶肱。壑源后坑一，叶久。壑源岭根三，叶公、叶品、叶居。”除此之外，还有其他茶园出产。

[145] 銙：片。銙本是指造团饼贡茶的模具，以其形状像玉带上的銙而得名，成为宋代贡茶的专有名词。用作计茶量词是指一饼、一片。详见《品茶要录》“銙”条。而且，白茶制成的茶饼，较通常茶饼往往还要更小。

[146] 因为产量太少，在制茶过程中火候尤其难把握。无论蒸还是焙，一次进行加工的合适茶量是有数的，白茶往往达不到这个量，就必须调整火候，这个很难把握。如同今日制所谓单株茶，如果单株的产量太低，加工质量就难以保证。芽英：茶芽、精华。

[147] 汤火一失：蒸青和焙火稍有闪失。

[148] 运度：用心测度，这里指制茶时刻要精心把握。

[149] 表里昭澈：里外澄净光亮。

[150] 玉之在璞：美玉在原石之中。璞，指包藏玉的石头。作者这样类比是因为茶饼表面的颜色质地与碾碎斗茶之时有所不同。从外表看茶饼，就好像是看玉的原石，需要看其本质。斗茶的茶末才是石中之玉。

[151] 他无与伦：别的茶没法与其相比。

[152] 浅焙：指正焙附近的茶焙，和外焙相比，其品质和位置都更接近正焙。关于浅焙白茶的情况，参考《东溪试茶录·茶名》的“白叶茶”部分。

[153] 品格：品质格调。

罗碾

碾以银为上，熟铁[154]次之。生铁[155]者，非淘炼槌磨[156]所成，间有黑屑藏于隙穴[157]，害茶之色尤甚。凡碾为制[158]，槽欲深而峻[159]，轮[160]欲锐而薄。槽深而峻，则底有准而茶常聚[161]；轮锐而薄，则运边中而槽不戛[162]。罗欲细而面紧，则绢不泥[163]而常透。碾必力而速，不欲久，恐铁之害色[164]。罗必轻而平，不厌数[165]，庶几细者不耗[166]。惟再罗[167]，则入汤轻泛[168]，粥面光凝[169]，尽茶色[170]。

---

[154] 熟铁：用生铁精炼而成的含碳量在0.15%以下的铁，有韧性、延性，强度较低，容易锻造和焊接，不能淬火。

[155] 生铁：即铸铁，含碳量在2%以上的铁碳合金。由铁矿石在炼铁炉中冶炼而成。除碳外，还含有硅、锰及磷、硫等元素。

[156] 淘炼槌磨：加工工序，淘洗、精炼、捶打、打磨。

[157] 隙穴：（铁的）壁缝和小洞。

[158] 制：样式。

[159] 槽欲深而峻：碾槽要深，斜面要陡。峻，陡峭，指碾槽的斜面倾斜角度要够大。

[160] 轮：碾轮。陆羽《茶经》称“堕”：“木堕形如车轮，不辐而轴焉。”

[161] 底有准而茶常聚：底部平准，茶能聚集在下面。

[162] 运边中而槽不戛：无论在槽的边缘还是中间，都不会刮

擦。戛：刮。

[163] 泥：软，指绢面没有绷紧，有塌陷。

[164] 恐铁之害色：指铁长久与茶接触摩擦，会影响茶的颜色。

[165] 不厌数：不怕多弄几次。

[166] 庶几细者不耗：这样茶末基本上没有损耗。细者，指碾碎的茶末。

[167] 惟再罗：只有反复的筛。这样才能保持茶末的颗粒细小。相较于唐代，宋代的茶末要更加细，才能保证点茶的效果。

[168] 入汤轻泛：注入茶汤的时候，茶末在水中轻轻上浮。

[169] 粥面光凝：茶汤表面浓稠有光泽，如同粥的表面一样。“粥面”在宋茶中是专有名词，指点茶时茶汤表面的效果。参见《茶录》：“粥面聚”、《东溪试茶录》“粥面”条。

[170] 尽茶色：充分体现茶的色泽。

盏

盏色贵青黑[171]，玉毫条达[172]者为上，取其焕发茶采色[173]也。底必差深[174]而微宽。底深则茶直立[175]，易以取乳[176]；宽则运筅旋彻[177]，不碍击拂[178]。然须度[179]茶之多少，用盏之大小。盏高茶少，则掩蔽茶色[180]；茶多盏小，则受汤不尽[181]。盏惟热[182]，则茶发立[183]耐久。

筅[184]

茶筅以箸竹[185]老者为之，身欲厚重，筅[186]欲疏劲[187]，本欲壮而末必眇[188]，当如剑脊[189]之状。盖身厚重，则操之有力而易于运用；筅疏劲如剑脊，则击拂虽过而浮沫不生[190]。

[171] 青黑：墨蓝色，黑中带青。

[172] 玉毫条达：玉毫指宋盏中名品"兔毫"盏。条达，指纹路顺直，发散而不黏连。兔毫属黑釉系统的结晶釉。釉中含铁及少量磷酸钙。晶态带丝毛状，闪银光。兔毫的颜色则有金、银、黄、灰等不同品类。在宋代，福建、四川、山西等地都有烧造兔毫，以福建建窑的兔毫盏最有名。宋祝穆《方舆胜览》："兔毫盏，出瓯宁。"

[173] 焕发茶采色：让茶色焕发。采色：指绚丽之色，这里指茶汤在青黑色的茶盏与银色的兔毫映衬下发出的颜色。

[174] 差深：差深，比较深。

[175] 茶直立：指茶汤有厚度，茶在茶盏中好像竖立起来，相对于浅盏的平铺而言。

[176] 易于取乳：易于用其打出白色的沫饽。

[177] 旋彻：旋转通畅。

[178] 击拂：本义为击打，尤其指击打过程中带有旋转的手法。《宋史·郭从义传》："从义善击毬，尝侍太祖于便殿，命击之。从义易衣跨驴，驰骤殿庭，周旋击拂，曲尽其妙。""击拂"在宋茶中是专有名词，指搅动茶汤，使之环回激荡，产生饽沫。蔡襄《茶录·茶匙》："茶匙要重，击拂有力。"

[179] 度：估计。

[180] 盏高茶少，则掩蔽茶色：如果盏深茶少，不易于观察茶汤表面。掩蔽：掩盖、遮蔽。

[181] 受汤不尽：倒水不能充分，（如果再倒就液面过高，无法击拂）。

[182] 盏惟热：茶盏温度不能过低，低则茶叶容易沉底。表面的沫饽就无法保持。蔡襄《茶录·熁盏》："凡欲点茶，先须熁盏令热，冷则茶不浮。"

[183] 发立：指茶与水均匀混合，呈现汤花的状态。

[184] 筅：宋代点茶、分茶、斗茶时使用的茶具，用于击拂。筅的原意为炊具，用于洗刷锅碗盆勺等。《类篇·竹部》："筅，饭帚，"是其证。宋代吴自牧《梦粱录·诸色杂货》即有筅帚。宋代将这种破竹而制成的茶筅用作茶具。现在的福建方言中仍然用这个字称呼用竹枝或竹丝扎成的刷洗、清扫用具，如"鼎筅"。值得一提的是，宋代茶筅与现在常见的日式茶筅有所不同，详见本书《茶具图赞》"竺副帅"。

[185] 箸竹：用于做筷子的竹子，为习惯称呼，现在仍有这种叫法，并非植物学上的分类。

[186] 筅：这里相对于“身”而言，指的是竹子破开成丝条的部分。

[187] 疏劲：开张，有力。

[188] 本欲壮而末必眇：从分叉开始，根部要壮实、末端要细。眇，细小。

[189] 剑脊：剑身中间棱起的中分线。古剑两刃薄而中间厚，其形如鱼脊，故称剑脊。近代考古学界称之为“中脊”。

[190] 击拂虽过而浮沫不生：即使击拂有些过度，但是不会有浮沫出现，这里的浮沫不是指点茶时的沫饽。

瓶[191]

瓶宜金银，小大之制[192]，惟所裁给[193]。注汤害利[194]，独瓶之口嘴而已[195]。嘴之口欲大而宛直[196]，则注汤力紧而不散[197]；嘴之末欲圆小而峻削[198]，则用汤有节而不滴沥[199]。盖汤力紧则发速有节[200]，不滴沥，则茶面不破[201]。

[191] 瓶：煮水的壶。又称汤瓶、茶瓶、茗瓶、水瓶。唐代已具。唐 李匡文《资暇录》卷下：“居无何，稍用注之……

乃去柄安系，若茗瓶而小。”可见乃有盖、有提系而无柄之茶器。宋蔡襄《茶录·汤瓶》云：“瓶要小者易候汤。又点茶注汤有准。黄金为上，人间以银铁或瓷石为之。”

[192] 小大之制：形制大小。

[193] 裁给：根据需要判断安排。这里指根据点茶量来判断，不可过大，这样容易控制水温。蔡襄《茶录·汤瓶》：“瓶要小者易候汤。”

[194] 害利：利害，好坏。

[195] 独瓶之口嘴而已：全在于汤瓶的口嘴部分。“口”和“嘴”的所指是不同的，“嘴”指的是与壶身相接出水的细长部分，即今日玩壶者所称的“流”。需特别注意，“口”指的是嘴与壶身相接的地方，而不是末端开口的地方。这个和古人对口嘴的意象有关。嘴指的的是从主体上突出的部分，如鸟嘴；而口是主体上开口的地方。有人把口理解成嘴末端开口的地方，这是不正确的，否则下文中一方面说嘴的口要大而直，一方面说嘴的末端要小而峻削，就完全矛盾了。

[196] 欲大而宛直：要大而近乎直。宛，似乎、差不多。这个“大”和“直”指的是嘴与壶身相接的地方，从宋画中的汤瓶与现存的宋代汤瓶实物中，我们都可以看到这个特点。这个特性适用于需要注水有力的水壶，在今日用于茶艺表演的长嘴壶中，仍然保持了这个特性。而今世一般的水壶往往流与壶身相接的部分是弯的，这样出水舒缓，适于一般倒水的需求。

[197] 注汤力紧而不散：出水有力快速，不会中断。这个力紧不仅仅是出水的力度，而是指出水的控制力，收放敏捷自如。

[198] 嘴之末欲圆小而峻削：这里说的是壶嘴末端开口的地方，即一般今人理解的“口”。这个末端要圆而小，这样由嘴与壶身相接部分较大口径变化为较小的口径，水流形成了一定的压力，注水更加有力。峻削是指壶嘴开口的地方与嘴身的角度要形成一个锐角，唐代的水壶（注子）往往开口成直角，这种开口很容易在收水的时候滴水，宋代根据点茶的需要做了改进。（唐宋比较图）我们在宋代汤瓶的实物中所见的大多是这种开口呈锐角的情况。实际上今日我们在选择烧水壶时，这也是一个窍门。在对注水有要求的茶道、咖啡等领域，多数是要用这种“峻削”开口的器型的。

[199] 有节而不滴沥：易于控制而不滴水。滴沥：雨水下滴、流滴。

[200] 汤力紧则发速有节：指出水的控制力好，欲快则快，欲慢则慢。

[201] 不滴沥则茶面不破：不滴水则茶汤表面不会破坏。

杓[202]

杓之大小，当以可受一盏茶为量[203]。过一盏则必归其余，不及则必取其不足[204]，倾杓烦数，茶必冰矣[205]。

[202] 杓：关于此处杓的用途，有的人认为是倒水点茶的，似乎不合情理。上面已经详细讨论的瓶之形制如何适宜点茶，如果用杓来倒水，当然是无法达到效果的。从传世的多幅画作来看，即便市井之人，只要是真正的点茶，都是用瓶的，何况是皇家点茶。

合理的解释有两种，其一此处的杓是用来取茶粉的。这样“以可受一盏茶为量”与《茶录》的记载就可以对应。至于为何“倾杓烦数，茶必冰矣”，这可能和点茶时炙盏的习惯有关。炙好的茶盏放入茶粉，如果反复增减，则茶盏和茶都会降温。蔡襄《茶录·熁盏》：“凡欲点茶，先须熁盏令热，冷则茶不浮。”传世画作中，也可以看到用杓取茶粉放入茶盏中的情况。

如果我们仔细研究宋代与茶有关的绘画，可以发现，宋代在多人聚会的时候，点茶所用的器具和人少的时候有所不同。在多人共饮的时候往往会用一个较大盆状器皿进行点茶，之后用杓分到各个盏内。那这里的杓就是用来分茶汤的。那么整段文字也就顺畅明白了。关于这一点的考释，详见书后的文章。

[203] 以可受一盏茶为量：如果按上一注释的第一种解释，以刚好可以点一盏茶的茶粉量为宜。蔡襄《茶录·点茶》：“钞茶一钱匕”。如果是第二种解释，即是一勺茶汤的量就是一盏的量。

[204] 超过一盏的量需要把多余的放回去，不够的话还要再补充不足的部分。

[205] 如果翻来覆去的取茶，用时过久，茶就会变凉。按第一种解释，点茶的茶盏经过预热后，放入茶粉，若取茶用时太久则茶盏和茶就都变凉了。烦数：频繁，多次。茶必冰矣：茶就凉了。按第二种解释，茶汤于盆中点好，需要尽快分到各个盏中，这要求一杓就是一盏之量，如果一盏都要反复几次，那么多盏分到最后，肯定茶汤就变凉了。

水

水以清、轻、甘、洁[206]为美。轻甘乃水之自然[207]，独为难得。古人第水[208]，虽曰中泠[209]、惠山[210]为上，然人相去之远近，似不常得[211]。但当取山泉之清洁者。其次，则井水之常汲[212]者为可用。若江河之水，则鱼鳖之腥，泥泞之污，虽轻甘无取[213]。

凡用汤以鱼目、蟹眼连绎迸跃为度[214]，过老，则以少新水投之[215]，就火[216]顷刻而后用。

[206] 清、轻、甘、洁：清，清澈澄净；轻，水密度低，水溶矿物元素较少，即水“软”；甘，甘甜；洁，干净。

[207] 自然：轻和甘这两项是水的天然特质，不是纯净与否所能改变的，所以称是“自然”，“独为难得”。

[208] 第水：品评水。

[209] 中泠：在江苏省镇江市区西北、金山之西。原在长江中，因江水西来受二礁石阻挡形成三泠（北泠、中泠、南泠，泠即水曲），泉在中间水曲下得名。唐代多称“南泠”，唐张又新《煎茶水记》引刘伯刍泉水排名：“扬子江南零水第一”。又引李季卿笔录陆羽泉水排名：“扬子江南零水第七”。唐之后三泠水多称“中泠”，宋范仲淹《和章岷从事斗茶歌》：“鼎磨云外首山铜，瓶携江上中泠水。”

[210] 惠山：指惠山泉，在江苏省无锡市惠山第一峰白石坞下。唐张又新《煎茶水记》引刘伯刍的泉水排名：“无锡惠山寺石水第二”。又引李季卿笔录陆羽泉水排名：“无锡县惠山寺石泉水第二”，故有“天下第二泉”之称。唐时李德裕嗜此水，置水递。宋时亦曾充贡品。张邦基《墨庄漫录》记：“政和甲午岁，赵霆始贡水于上方……靖康丙午罢贡。”惠山泉历代题咏极富，宋王禹偁《陆羽泉茶》：“甃石封苔百尺深，试茶尝味少知音。唯余半夜泉中月，留得先生一片心。”（按：陆羽泉即指惠山泉）。宋苏轼《惠山谒钱道人，烹小龙团，登绝顶，望太湖》：“独携天上小团月，来试人间第二泉。”

[211] 这句是说人离这些名水距离有远有近，也不是日常可以获得。

[212] 汲：打水，取水。

[213] 虽轻甘无取：即使轻甘也无法取用。

[214] 以鱼目、蟹眼连绎迸跃为度：（烧水）以水里鱼目和蟹眼大小的气泡连续上涌的程度为宜。绎，连续不绝。鱼目、蟹眼指烧水时从壶底上涌的气泡，蟹眼比鱼眼小，水温更低。宋庞元英《谈薮》："俗以汤之未滚者为盲汤，初滚者曰蟹眼，渐大者曰鱼眼。"宋蔡襄《茶录·候汤》："候汤最难，未熟则沫浮，过熟则茶沉，前世谓之蟹眼者，过熟汤也。"蔡襄认为蟹眼已经过熟，而作者认为应该是蟹眼鱼眼之间，或者说二者并起之时为宜。宋苏轼《试院煎茶》："蟹眼已过鱼眼生，飕飕欲作松风鸣。"与作者观点类似。点茶对水温的要求也要看器具、手法，似不绝对。参见本书蔡襄《茶录·候汤》"蟹眼"条。

[215] 少新水投之：加入少量新水（未烧过的水）。

[216] 就火：放在火上加热。

点

点茶[217]不一[218]。而调膏[219]继刻以汤注之[220]，手重筅轻，无粟文蟹眼[221]者，谓之静面点[222]。盖击拂无力，茶不发立[223]，水乳未浃[224]，又复增汤，色泽不尽[225]，英华沦散[226]，茶无立作矣。有随汤击拂，手筅俱重，立文泛泛[227]，谓之一发点[228]。盖用汤已故[229]，指腕不圆[230]，粥面未凝，茶力已尽[231]，雾云虽泛，水脚易生[232]。

[217] 点茶：在宋代，点茶有两种所指，一种是单指茶末加入盏后调膏之后，击拂乃至呈现沫饽的过程，本文即为此类用法。另一种是延伸到指从炙茶、碾罗开始直到点茶、饮茶的这一整套程序，用以同煮茶等其他备饮方式相区别。

[218] 不一：（手法、方式）不一样。

[219] 调膏：指茶末投入茶盏之后，以少量的水将茶末调成膏状。

[220] 这句是说，调膏之后马上就用开水注入。刻：急迫。这种点法的一个重要失误是注水太快，击拂跟不上注水，所以这里说“刻以汤注之”。

[221] 粟文蟹眼：指点茶时茶汤表面的泡沫形成的效果。粟文是较小的圆点，蟹眼是较大的圆点。

[222] 静面点：表面平静，无明显纹路，故称“静面点”。

[223] 发立：“立”是点茶中常用的描述语。茶粉和水均匀混合，汤花呈现而能保持住，就是茶“立”了。所谓“发立”，就是把茶“立”的效果呈现出来。相对而言，“发”侧重呈现，“立”侧重保持。下文的“茶无立作”也是这个意思，就是茶“立”的效果没有制作成功或者说没有表现出来。

[224] 浃：融洽，相融。

[225] 色泽不尽：颜色不能充分表现。

[226] 英华沦散：茶粉涣散。沦散，散落。

[227] 立文泛泛：指茶汤的汤花纹路浮泛易散。关于“立”字的理解见注释223“发立”。

[228] 一发点：指汤花刚出现就慢慢散去，无法持续，所以

叫“一发点”。即汤花虽然短暂的“发”，但并没有“立”住。

[229] 用汤已故：故，指其时已过。这个是指加水和击拂的配合，并非单指加水量过多。点茶需要边加水边击拂，如果一次加入水量超过了该次击拂所能承受的量，那么即使加长时间击拂也达不到理想的效果。

[230] 指腕不圆：这里指击拂的手法不熟练，不能均匀的进行圆周运动。均匀的圆周运动有助于形成均匀规律的汤花。如果茶筅行进路线混乱的话，汤花形成过程中不断的破坏与重组，大量消耗，就会严重影响效果，正所谓后文的“茶力已尽”。

[231] 粥面未凝，茶力已尽：表面还达不到粥面那种浓稠光亮的效果，茶的气力已经耗尽。上一条解释过，茶粉形成汤花沫饽的能力是有限度的，如果不能充分利用，不断地破坏消耗，最后达不到理想的效果，形象地来说就是“茶力已尽”。

[232] 雾云虽泛，水脚易生：表面虽然也能泛起沫饽，但边缘很快就会出现水线。云雾指白色的汤花、沫饽，水脚指茶汤边缘的水线。成功的点茶，表面汤花持久，长时间不会露出水痕。而如果处理不当，很快表面的沫饽就会从边缘开始消散，这样就会露出水痕，从茶汤的角度说，就是“水脚”，从沫饽的角度说，就是“云脚”。无论出现“水脚”还是“云脚”，都表示点茶开始谢幕了。因此，露出水痕的时间也是斗茶的关键指标。蔡襄《茶录·点茶》：“视其面色鲜白，著盏无水痕为绝佳。建安斗试，以水痕先者为负，耐久者为胜，故较胜负之说，曰相去一水两水。”

妙于此者，量茶受汤[233]，调如融胶[234]。环注盏畔，勿使侵茶[235]。势不欲猛[236]，先须搅动茶膏，渐加击拂。手轻筅重，指绕腕旋，上下透彻[237]，如酵糵之起面[238]。疏星皎月，灿然而生[239]，则茶面根本立矣[240]。

第二汤自茶面注之，周回一线[241]，急注急止[242]，茶面不动。击拂既力，色泽渐开，珠玑磊落[243]。

三汤多寡如前[244]，击拂渐贵轻匀[245]，周环旋复[246]，表里洞彻[247]，粟文蟹眼，泛结杂起[248]，茶之色十已得其六七。

---

[233] 量茶受汤：根据茶的量来注水。

[234] 融胶：融化的胶。古时的胶是指动物的皮角等部分或树脂制成的胶类物质。如“胶鳔”“胶漆”等。

[235] 环注盏畔，勿使侵茶：沿着盏壁边缘环形注水，不要直接注到调好的茶膏上。畔，边。侵，进入内部。

[236] 势不欲猛：注水不能太猛。势指注入的水势。

[237] 手轻筅重，指绕腕旋，上下透彻：这里指击拂的手法。手轻是指指腕部要放松，尽量利用旋转力转起来。筅重是指筅触碰茶汤要有力度。指绕腕旋是指手指和手腕以圆周运动的方式转动。上下透彻是指从腕到指到筅到茶汤是顺畅

的，没有滞碍。

[238] 酵蘖之起面：酵蘖，指用于发面的酒曲；起面，使面粉发酵。古代发面通常有两种方式，一种是酒酵发面法，一种是酸浆酵发面法。这里是前者。相较于唐代，宋代蒸制面食发达，发酵面食很多，这里用面粉的发酵来形容点茶时搅拌茶膏的感觉。

[239] 疏星皎月，灿然而生：疏星，指第一次注水后茶汤表面零散的小气泡。皎月，指初步形成的白色沫饽。灿然，明亮、鲜丽。

[240] 茶面根本立矣：茶汤表面的基础就打好了。根本：根基，基础。

[241] 周回一线：环绕着注水一圈。

[242] 急注急止：快速注水，马上停止。

[243] 击拂既力，色泽渐开，珠玑磊落：击拂的力度达到了，汤色逐渐呈现出来，表面的汤花如散珠碎玉般逐渐聚集壮大。磊落：众多委积貌。《文选·潘岳〈闲居赋〉》："石榴蒲陶之珍，磊落蔓衍乎其侧。"吕延济注："磊落、蔓衍，众多貌。"

[244] 多寡如前：注水多少和第二汤一样（绕茶汤注一圈即可）。

[245] 渐贵轻匀：逐渐侧重于轻匀。

[246] 周环旋复：以环绕的方式旋转击打。

[247] 表里洞彻：这里指旋转搅拌的时候，茶汤被搅起，中间形成空洞，里外相通。洞彻：通彻。

[248] 粟文蟹眼，泛结杂起：粟纹、蟹眼广泛联结、夹杂出现。

四汤尚啬[249]，筅欲转稍宽而勿速[250]，其真精华彩，既已焕然[251]，轻云渐生[252]。

五汤乃可稍纵[253]，筅欲轻盈而透达[254]。如发立未尽，则击以作之。发立已过，则拂以敛之[255]。结浚霭、结凝雪[256]，茶色尽矣。

---

[249] 尚啬：（比前面）还要少一点。啬：节省。

[250] 欲转稍宽而勿速：筅画圈的半径稍稍变大，不要打得太快。

[251] 真精华彩，既已焕然：指汤色的精华光彩美观，已经呈现出来。

[252] 轻云渐生：在第三汤时，茶汤表面出现的是较大的泡沫，到了第四汤时，出现细密泡沫，逐渐覆盖茶汤，是所谓“轻云渐生”。

[253] 稍纵：稍微多一点。纵，放任。

[254] 筅欲轻盈而透达：运筅的手法要轻盈，但动作要充分。

[255] 这句是说，如果表面的沫饽形成的还不充分，还要补充增益；如果沫饽已经过多，就轻拂茶筅，令其收敛。发立，如前所说，是茶水融合，经过充分击拂，呈现沫饽的过程。

[256] 结浚霭、结凝雪：指细密的白色沫饽于表面凝结，好像聚结的云气，凝固的霜雪。浚，深。

六汤以观立作[257]，乳点勃然[258]，则以筅著居[259]，缓绕拂动而已。

七汤以分轻清重浊[260]，相稀稠得中[261]，可欲则止[262]。乳雾汹涌，溢盏而起，周回旋而不动，谓之咬盏[263]。宜匀其轻清浮合者饮之[264]。《桐君录》[265]曰，"茗有饽[266]，饮之宜人。"虽多不为过也[267]。

---

[257] 六汤以观立作：在第五汤的时候，汤花已然完全呈现。第六汤的作用不再是打出或增加沫饽，而是观察沫饽的效果与变化。立作，指"立"的效果展现。见前面相关解释。

[258] 乳点勃然：细密的白色小泡沫于表面凸起破灭。勃然，兴起貌。第六汤主要是观看这个动态的效果。

[259] 著居：指茶筅滞留，缓慢滑动。著通"伫"，滞留。

[260] 七汤以分轻清重浊：第七汤的作用是区分轻清重浊。和《茶录》等书籍记载的一般点茶不同，作者更加追求艺术效果与品鉴的极致。后面两次注汤纯为这些效果的呈现。第七次注汤，已经形成的汤花逐渐上浮，形成后文所说的咬盏效果，而且作者只取表面汤花和与其混合均匀的部分茶汤饮用，下面所谓"重浊"的部分弃而不用。所以才有分此"轻清重浊"的必要。

[261] 相稀稠得中：查看浓度，令其适宜。相，查看；中，适宜。

[262] 可欲则止：达到需要就停止。

[263] 这句是形容咬盏形成的效果。过去对“咬盏”的解释多以为是单纯指沫饽形成不动，并不准确。文中说的明白，所谓“咬盏”，是指沫饽上浮已经超过盏面，但是因为其张力，并不溢出。也即是作者所说的“乳雾汹涌，溢盏而起，周回旋而不动”。“乳雾汹涌”，指第七汤入水后，沫饽上浮的气势，“溢盏而起”是说生起沫饽已经超过盏面了，但是这些沫饽还能保持不动。好像咬住茶盏，所以称为“咬盏”。今日街边咖啡或奶茶之“奶盖”效果与此类似，不过古人是纯用茶粉打出，尤为难得。

[264] 从这里看，作者饮用的是表面的沫饽以及与沫饽融合的部分茶汤，下面重浊的部分是舍弃不用的。

[265] 《桐君录》：指上古医药著作《桐君采药录》，此书托名“桐君”所作，原书成书应不晚于东汉时期。但作者所引的这部分内容，不是原书文字，而是陶弘景或更晚的注。这段文字曾被陆羽所引，录于《茶经·七之事》中。陆羽将这段文字排列在魏晋时期的文献之中，也从侧面印证了这个观点。

[266] 饽：指沫饽，点茶时表面的白色泡沫。陆羽《茶经·五之煮》：“凡酌置诸碗，令沫饽均。沫饽，汤之华也。华之薄者曰沫，厚者曰饽，细轻者曰花。”实际上沫、饽、花区分并不严格，经常混用。唐皮日休《茶中杂咏·煮茶》：“声疑松带雨，饽恐生烟翠。”

[267] 虽多不为过也：即使多饮也没关系（没有副作用）。

味

夫茶以味为上[268]，香、甘、重、滑[269]，为味之全，惟北苑壑源之品兼之[270]。其味醇而乏风骨者[271]，蒸压太过也。茶枪乃条之始萌者[272]，木性酸，枪过长，则初甘重而终微涩[273]。茶旗乃叶之方敷者[274]，叶味苦[275]，旗过老，则初虽留舌而饮彻反甘矣[276]。此则芽銙有之[277]，若夫卓绝之品，真香灵味，自然不同[278]。

---

[268] 以味为上：以味道最为重要。

[269] 香、甘、重、滑：此四字是作者对茶味评价的四个方面，香、甘较易理解。重，并非指味道重，而是指口感的饱满厚重，今日葡萄酒品饮中，有“酒体”（body）“重”的说法，与此类似，是舌头与口腔的综合感受，取决于内含物质的差异与多寡。滑，指茶汤的粘稠顺滑。

[270] 兼之：同时具备（这四种）。

[271] 味醇而乏风骨者：味道醇厚但是架构不够坚实。这里的风骨类似今日葡萄酒品鉴中“结构”或“架构”（structure）的概念。“乏风骨”是指茶虽香醇，但是在不同维度上拓展的空间感不足。换句话说，香醇只是附着在“骨”上的“肉”，只有其内在的结构坚实，才会有更立体、层次丰富的表现。今日岩茶中亦有所谓“岩骨花

香”的说法，其中“岩骨”正是指风土带来的口感上的空间拓展，徒有花香，没有扎实的结构，不足以成为好的岩茶。

[272] 条之始萌者：指茶芽刚开始萌发，还没有展开的细条状。

[273] 这句是说，木性是酸的，如果茶芽萌发的过长的话，口感上虽然开始甘甜，但后面会有涩味。“木性酸”是从五行对五味的角度来说的，涩与酸是同一类的。现代科学的解释是，茶芽持续生长，茶多酚类物质增加，会带来涩感。需要注意的是点茶和泡茶对茶的苦涩度要求是不同的，点茶要求茶的苦涩度要比泡茶低很多，所以宋茶选用特别细嫩的茶芽。

[274] 叶之方敷者：叶刚刚打开的。

[275] 叶味苦：茶叶中的苦味主要是咖啡因类物质。这类物质嫩叶比嫩芽含量高，随着叶子进一步长老又会降低。

[276] 这句是说，叶如果过老的话，饮茶时入口苦留于舌面，但压下去以后慢慢会有回甘。当然这里面说的是宋代贡茶的标准，按现在的制茶饮茶习惯，这种叶并不算老。

[277] 此则芽銙有之：这些特点是“芽銙”这类茶会有的。銙，制茶的模具，这里指茶的一种形制。不同的形制也代表不同的原料等级。这里的“芽銙”指的是芽茶制成的茶饼。

[278] 这句是说，如果是极品，香至纯真，味道绝妙，当然不用考虑上面说的这些方面了。

香

茶有真香[279]，非龙麝[280]可拟[281]。要须蒸及熟而压之，及干而研，研细而造[282]，则和美具足。入盏则馨香四达[283]，秋爽洒然[284]。或蒸气如桃仁夹杂[285]，则其气酸烈而恶[286]。

色

点茶之色，以纯白为上真[287]，青白为次，灰白次之，黄白又次之[288]。天时得于上，人力尽于下，茶必纯白[289]。天时暴暄[290]，芽萌狂长[291]，采造留积[292]，虽白而黄[293]矣。青白者，蒸压微生；灰白者，蒸压过熟。压膏不尽则色青暗[294]。焙火太烈则色昏赤[295]。

---

[279] 真香：纯正的香味。

[280] 龙麝：龙涎香、麝香，泛指香料。

[281] 拟：比拟。

[282] 这句是说制茶工序要恰当及时。刚蒸到熟就压榨、压干了就研磨，研细了就造。造，指放入模具制成茶饼。

［283］馨香四达：馨香之气向四处扩散。

［284］秋爽洒然：如同秋日的清爽之气令人畅快。

［285］蒸气如桃仁夹杂：这里指茶蒸不熟的气味。黄儒《品茶要录》："味为桃仁之气者，不蒸熟之病也。"桃仁，指茶蒸青不熟的生味、青味。

［286］酸烈而恶：指杀青不熟的茶经过存放形成的酸臭味。恶：不好，下劣。

［287］上真：顶级、纯正之品。

［288］这里是从点茶的效果来看的。黄儒《品茶要录·过熟》："故君谟论色，则以青白胜黄白；余论味，则以黄白胜青白。"与此不同。相对来说，黄白的茶口感更有保障，但不是说更白的茶口感都会差，只不过对工艺的要求非常高。所以能兼具色白而又口感上佳的茶是很不容易的。

［289］要想得到纯白的茶，需要天时和人力配合，缺一不可。

［290］暴暄：快速转暖。

［291］芽萌狂长：发芽生长过快。

［292］采造留积：采造跟不上。留积，滞留。

［293］虽白而黄：虽然白但是会泛黄。

［294］压膏不尽则色青暗：压榨之时膏汁压不尽，颜色就偏青、偏暗。

［295］焙火太烈则色昏赤：焙火过猛颜色会偏暗红色。黄儒《品茶要录·伤焙》："试时其色昏红，气味带焦者，伤焙之病也。"

藏焙[296]

焙数[297]则首面干而香减[298]，失焙[299]则杂色剥而味散[300]。要当新芽初生即焙[301]，以去水陆风湿之气[302]。焙，用熟火[303]置炉中，以静灰拥合七分，露火三分，亦以轻灰糁覆[304]。良久[305]，即置焙篓上[306]，以逼散焙中润气[307]。然后列茶于其中，尽展角[308]焙之，未可蒙蔽[309]。候火通彻，覆之[310]。火之多少，以焙之大小增减[311]。探手炉中，火气虽热而不至逼人手[312]者为良。时以手挼[313]茶，体虽甚热而无害，欲其火力通彻茶体耳[314]。或曰焙火如人体温[315]，但能燥茶皮肤[316]而已，内之余润未尽，则复蒸暍矣[317]。焙毕，即以用久漆竹器中缄藏之[318]；阴润勿开[319]，如此终年再焙[320]，色常如新[321]。

---

[296] 藏焙：藏储与焙火。焙有茶叶加工过程中的焙火，也有藏储过程中的焙。这里指的是后者。

[297] 焙数：焙火过于频繁。数，多次。

[298] 首面干而香减：则表面干燥而香气减损。藏茶过程中焙火的目的仅仅是去除湿气，过度则会引起香气物质大量挥发，同时茶叶含水率下降导致口感不佳。

[299] 失焙：应该焙火而没有焙火。失，欠缺。

[300] 杂色剥而味散：杂色侵蚀，滋味散淡。存茶湿度过大会引

起香气下降低沉，滋味变淡。

[301] 要当新芽初生即焙：在新芽初生的时候就要开始焙火。这句容易让人理解为是制茶时的焙火，但文后说到“展角”，应该还是藏茶过程中的焙火。新芽初生，万物萌动，是指每年中应该焙火的这个时间点，和制茶没有直接关系。

[302] 去水陆风湿之气：去除藏茶过程中的冷湿之气。水陆，指水和土地，泛指环境的影响。风湿之气，古人判断一个环境，并不单纯看当时的温度与湿度，而是认为受到“风、寒、湿”等因素积累的影响，中医所谓“风湿”之病，即是认为，这些“气”的侵入存留带来病变。这里的意思是把藏茶过程中存留的这些“气”去除掉。早春时节正是万物萌动之时，温湿度较合适，是去除这些“气”的好时机。夏季虽然温度高，但湿气过大，并不适宜焙火。

[303] 熟火：木炭烧透后的文火。

[304] 用灰将烧透的木炭盖住七分，露出来三分，然后用少量灰洒在表面覆盖。糁，洒落。

[305] 良久：好一会儿，较长时间。这是为了火温稳定，以及与周围环境达到平衡。

[306] 即置焙篓上：将焙篓置于炉上。

[307] 润气：湿气。严格说，湿气是潮湿的感觉，润气没有那么潮湿，只是不那么干燥而已。将焙篓烤干之后，才可以放茶。

[308] 展角：打开包装。角，在宋代指物品的封装，或封装的单位。宋叶梦得《石林燕语》："熙宁中，贾青为福建路转运使，又取小团之精者为密云龙，以四十饼为一斤，而双袋谓之双角团茶。"这里面"角"是袋的同义语。《北苑别录》："以四十饼为角，小龙凤以二十饼为角，大龙凤以八饼为角，圈以箬叶，束以红缕，包以红楮，缄以蒨绫，惟拣芽俱以黄焉"。这里面讲到"角"的包装，里面先用箬叶包裹，然后用红线系上，再用红纸包好，再用绫封装。这里的展角即是打开这个包装。蔡襄《茶录·藏茶》："茶宜蒻叶而畏香药，喜温燥而忌湿冷。故收藏之家以蒻叶封裹入焙中，两三日一次，用火常如人体温温，以御湿润。"则茶很可能是带蒻叶/箬叶焙火的。

[309] 未可蒙蔽：（上面）不能遮盖。

[310] 等火力通透了，盖上盖子。这里的覆之，并不是把前面说的包装——"角"包上，而是把焙笼上面的盖子盖上，盖子是竹编，还是透气的。盖上的目的是限制空气流通，防止火势过大。蔡襄《茶录·茶焙》："茶焙编竹为之，裹以箬叶。盖其上，以收火也。隔其中，以有容也。"有人把"覆之"理解为覆盖火，但一来上面谈的是茶，二来火已覆灰，灰不可能再成火，不需要再覆。实际上火通彻指的是火力于焙篓中通透了，即焙篓上面能感受到火力且稳定了，这个时候再盖上盖子。

[311] 用火量的多少，根据焙的大小调整。

[312] 逼人手：指手有灼烤的感觉，下意识的会向回缩。

[313] 挼：音ruó，揉搓，摩挲。

[314] 这句是说，茶饼表面虽然已经发热，但是不会有损害，通过揉搓茶饼，让火力能够穿透茶饼。

[315] 焙火如人体温：蔡襄《茶录·藏茶》："故收藏之家以蒻叶封裹入焙中，两三日一次，用火常如人体温温，以御湿润。"作者认为这样的温度是不够的。不过蔡襄和作者所说的焙茶方式有所不同，蔡襄用的是常焙法，所谓隔几天就焙一次。而作者用的是终年焙法，一年焙一次以后进行密封。所以温度也有所不同。从保存茶质的角度，作者的做法更好一些。因为多次长时焙对茶还是会有损伤，正如作者所说："数焙则首面干而香减。"

[316] 燥茶皮肤：让茶的表面干燥。

[317] 这句是说，茶叶内部的水分没有尽快逼出，在火力的作用下，在茶叶内部形成带水加热的效果（这样对茶更加不好）。暍，暑热。这里指茶受到的湿热。

[318] 焙火之后，马上以用了长时间的竹漆器来密封存放。为什么要用"用久"的竹漆器呢？因为新漆器会带有一点生漆的味道，这个味道随着时间会慢慢褪去。茶叶本身吸味，需要避免其他味道的影响。缄，指密封。密封的好处，一可以避湿气异味，二可以避免茶香挥发，内含物质流失。

[319] 阴润勿开：空气潮湿的时候不能打开。

[320] 终年再焙：过一整年再焙。

[321] 色常如新：茶色和新茶一样。

北宋末南宋初　建窑“供御”铭兔毫束口盏

南宋　建窑兔毫盏

宋　建窑油滴天目束口盏

宋　建窑兔毫束口盏

南宋　建窑兔毫茶盏连剔犀盏托

南宋　建窑剔犀如意纹茶托

南宋　青白釉盏连盏托

宋　佚名　斗茶图

宋 佚名 斗茶图（局部）明人摹本

“枪”与“旗”

品名

名茶各以所产之地[322]。如叶耕之平园、台星岩[323]，叶刚之高峰、青凤髓，叶思纯之大岚，叶屿之屑山，叶五崇林之罗汉山、水叶芽[324]，叶坚之碎石窠、石臼窠（一作突窠），叶琼、叶辉之秀皮林，叶师复、师贶之虎岩，叶椿之无双岩芽，叶懋之老窠园。名擅其门[325]，未尝混淆，不可概举[326]，前后争鬻[327]，互为剥窃[328]，参错无据[329]。曾不思茶之美恶，在于制造之工拙而已，岂岗地之虚名所能增减哉[330]！焙人之茶，固有前优而后劣者，昔负而今胜者，是亦园地之不常也[331]。

外焙

世称外焙之茶，脔小[332]而色驳[333]，体好而味澹[334]，方之正焙，昭然可别[335]。近之好事者，箧笥[336]之中往往半之蓄外焙之品[337]。盖外焙之家久而益工[338]，制造之妙咸取则于壑源[339]，效像规模[340]，摹外为正[341]。殊不知，其脔虽等而蔑风骨[342]，色泽虽润而无藏蓄[343]，体虽实而膏理乏缜密之文[344]，味虽重而涩滞乏馨香之美[345]，何所逃乎外焙哉[346]！虽然，有外焙者，有浅焙者。盖浅焙之茶，去壑源为未远，制之能工，则色亦莹白，击拂有度，则体亦立汤[347]，惟甘重香滑之味稍远于正焙[348]耳。至于外焙，则迥然可辨[349]。其有甚者[350]，又至于采柿叶、桴榄之萌[351]，相杂而造[352]，味虽与茶相类，点时隐隐有轻絮泛然，茶面粟文不生，乃其验也[353]。桑苎翁[354]曰："杂以卉莽，饮之成病。"[355]可不细鉴而熟辨[356]之？

---

[322] 名茶各以所产之地：茶分别用所产的地方来命名。

[323] 叶耕之平园、台星岩：叶耕是园民姓名，北苑一带的园民多为叶姓，下文的叶某某也都是园民的姓名。平园、台兴岩是茶园所在地，即茶园名字，以这些产地名字来命名茶品。

[324] 此处有断句为"叶五崇林之罗汉山水，叶芽"，产地可称"山"，称"水"；"山水"指一方景致，不大可能用于产地之名。以"叶芽"为园民姓名似乎也不太合理。故而断为"叶五崇林之罗汉山、水叶芽"。水叶芽又不像是地名而更像是以特点命名，不过下文有"叶椿之无双岩芽"，以某某芽称呼也很合理。水叶，一作"水桑"。另赵汝砺《北苑别录·御园》有茶园名"罗汉山"，可为旁证。

[325] 名擅其门：各自专享其美名。这些地方已经和这些人密不可分了。

[326] 不可概举：不能含糊一概的列举。与上文"未尝混淆"是

同意，意思是产地分列所属是很清楚的。概举，大略的列举。

[327] 前后争鬻：互相竞争出售。鬻，yù，卖。

[328] 互为剥窃：相互之间剽剥冒充。剥窃，冒充窃取。《宋会要·食货六一》："其官吏但以招携户口，剥窃虚名，其于国家，一无所济。"

[329] 参错无据：互相错乱没有依据。

[330] 茶的好坏，很大程度在于加工技术的高低，难道单单是产地的虚名所能决定的？

[331] 同样的人加工的茶，也有前面出色后面下劣的，也有原来较差现在又较好的，这些就是产地变化带来的了。焙人，指制茶者。

[332] 脔小：指茶饼分量不足。脔，本指小块的肉，这里指茶饼，亦称"脔片"。宋梅尧臣《次韵和再拜》："昔得陇西大铜碾，碾多岁久深且窊。昨日寄来新脔片，包以藤蒻缠以麻。"

[333] 色驳：颜色混杂。

[334] 体好而味澹：外表好看，但滋味淡薄。澹，淡薄。

[335] 方之正焙，昭然可别：同正焙相比，就明显可以区别。方，比拟、比较。

[336] 箧笥：这里指藏茶的竹器。

[337] 半之蓄外焙之品：里面装了一半外焙的茶。

[338] 久而益工：做茶久了，做的更加精致。

[339] 取则于壑源：以壑源为规范（来模仿）。壑源是正焙核心

产地。

[340] 效像规模：模仿其棬模的样式、图案。像，模仿。

[341] 摹外为正：以外焙来仿效正焙。摹，仿效。

[342] 脔虽等而蔑风骨：形制虽然相等但缺少正焙的气质。蔑，没有。风骨，本指人刚正的风度气质，这里指茶给人的一种气质上的感受。

[343] 色泽虽润而无藏蓄：色泽看起来也算润泽，但过于外露，缺少底蕴。藏蓄：蕴藏，蕴含的内容。

[344] 体虽实而膏理乏缜密之文：茶质也算厚实，但是调膏的时候无法呈现细密的纹理。

[345] 味虽重而涩滞乏馨香之美：滋味浓厚，但是口感涩滞，缺乏美妙的馨香。

[346] 哪里能逃出外焙的评定呢?

[347] 体亦立汤：前面讲过，点茶时所说的“立”，是指点茶的效果。这句是说近焙的茶如果点茶手法适当，呈现的汤花也是不错的。

[348] 稍远于正焙：与正焙比稍有差距。

[349] 迥然可辨：差距很大，容易辨别。迥然，形容差别大。

[350] 其有甚者：还有更过分的。

[351] 采柿叶、桴榄之萌：采摘刚发芽的柿叶、桴榄。黄儒《品茶要录》：“故茶有入他叶者，建人号为‘入杂’。銙列入柿叶，常品入桴槛叶。二叶易致，又滋色泽，园民欺售直而为之。”桴榄，所指不详。

[352] 相杂而造：混杂在一起造茶。

[353] 这句是说这类混入杂叶的茶，味道与茶有些类似，但是点茶的时候能看到隐隐约约的毫毛，茶表面无法形成粟纹，就可以验证是掺假了。黄儒《品茶要录》："试时无粟纹甘香，盏面浮散，隐如微毛，或星星如纤絮者，入杂之病也。"

[354] 桑苎翁：指陆羽。以"桑苎翁"为陆羽自号。此说始见于唐李肇《国史补》卷中："羽于江湖称竟陵子，于南越称桑苎翁。"但《新唐书·陆羽传》则称："上元初，更隐苕溪，自称桑苎翁，阖门著书。"王象之《舆地纪胜》卷四亦作："上元初，隐于苕溪，自称桑苎翁。"桑苎翁之名，宋代已著，被广泛运用。陆游《八十三吟》："桑苎家风君勿笑，它年犹得作茶神。"

[355] 这是陆羽《茶经·一之源》中的话。意思是茶中混入其他植物，喝了会生病。

[356] 细鉴而熟辨：仔细鉴别分辨。熟，仔细。

宣和北苑贡茶录[1]

熊蕃[2]　熊克[3]

[1] 宣和北苑贡茶录：宋代茶书，一卷，熊蕃撰，其子熊克增补。是书大概撰于宣和四年至七年（1122—1125）间，生前未刻印。绍兴二十八年（1158），其子熊克摄事北苑，承父遗志，加以增补，模写绘图，始刊于淳熙九年（1182）。此书主要记述北苑贡茶的历史与贡品的情况。记徽宗时贡茶凡41品，今存图38幅。四库本据《永乐大典》本录出，有图有注。清代汪继壕校注此书，旁征博引、颇为详尽。此书《宋史·艺文志》《直斋书录解题》《文献通考》等有著录，《遂初堂书目》作《宣和贡茶经》。本书之版本有熊克原刊

本、《说郛》本、《四库全书》本、汪继壕校注本刊于《读画斋丛书·辛集》。今以涵芬楼《说郛》本为底本，参校其他版本整理而成。

此书有原注、原按和清汪继壕按语，今保留原注、原按，汪继壕按语甚繁琐，选择其和正文关系较大部分列于注释中。原文精注，原注文和按语则释其疑难，述其大意。

[2] 熊蕃：字叔茂，建州建阳人，善属文，工吟咏。筑室题额曰“独善”，学者因号为独善先生。四库全书称其宗王安石之学。宋徽宗宣和年间，北苑贡茶极盛，熊蕃亲历当时，故此书为第一手资料。

[3] 熊克：建州建阳（今属福建）人，熊蕃子，字子复，绍兴二十一年（1151）进士，历任主簿，府学教授、知县、秘书郎、起居郎兼直学士，见知于孝宗。著有《四六类稿》《九朝通略》《诸子精华》等，已佚。今存《中兴小纪》四十卷。宋高宗绍兴二十八年（1158）负责管理北苑茶事，因熊蕃原作没有画出贡茶形制，乃绘制贡茶图，并熊蕃所作《御苑采茶歌》十首附入此书。

陆羽《茶经》[4]，裴汶《茶述》[5]，皆不第建品[6]。说者但谓二子未尝至闽[7]，而不知物之发[8]也，固自有时[9]。盖昔者，山川尚閟[10]，灵芽未露[11]，至于唐末，然后北苑出为之最[12]。是时伪蜀词臣[13]毛文锡作《茶谱》[14]，亦第[15]言“建有紫笋[16]”，而腊面[17]乃产于福[18]。

---

[4] 陆羽《茶经》：中国乃至世界历史上第一部茶学专著，唐陆羽撰，三卷。详见拙注之《茶经》。

[5] 裴汶《茶述》：唐代茶书，裴汶撰，一卷，已佚。裴汶，河东人。宪宗时任澧州刺史、湖州刺史、常州刺史、左司员外郎等职。是书始见于宋代刘弇《龙云集》卷二八《策问·中》：“温庭筠、张又新、裴汶之徒，或纂《茶录》，或著《水经》，或述顾渚。”似乎主要是讲顾渚茶的著作。《宣和北苑贡茶录》和《鹤林玉露》等宋代书中有提及此书。清代陆廷灿《续茶经》卷上之一引录其佚文100余字，当已非原文。刘弇（1048—1102）见其书，南宋初郑樵著录其书，则此书两宋之际尚存。

[6] 不第建品：没有品第建州茶。

[7] 二子未尝至闽：宋黄儒《品茶要录》：“说者常怪陆羽《茶

经》不第建安之品，盖前此茶事未甚兴，灵芽真笋，往往委翳消腐，而人不知惜。”又“由是观之，鸿渐未尝到建安欤？”陆羽活动区域在长江中下游茶区、裴汶活动区域在长江下游茶区，二人大概是没有到过福建。

[8] 物之发：万物的生发。

[9] 固自有时：本来自有其时序。

[10] 山川尚閟：山川幽静掩蔽。閟，bì，掩蔽。

[11] 灵芽未露：指茶没有显露（为外界知晓）。

[12] 汪继壕按引张顺民《画墁录》云：“有唐茶品以阳羡为上供， 建溪北苑未著也。贞元中，常衮为建州刺史，始蒸焙而研之，谓之研膏茶。”由此则建茶研膏始于唐德宗时期。不过此事未见他书记载。又顾祖禹《方舆纪要》：“凤凰山之麓名北苑，广二十里，旧经云，伪闽龙启中，里人张廷辉以所居北苑地宜茶，献之官，其地始著。”则闽国时北苑已成贡茶产地。沈括《梦溪笔谈》：“……李氏时号为北苑，置使领之。”南唐北苑仍是贡茶产地。

[13] 伪蜀词臣：词臣，文学侍从之臣，毛文锡文名颇重于当时。伪蜀，指五代十国时期割据于四川的前蜀和后蜀政权，因为被宋灭国，故这种称呼多见于宋代文献。

[14] 毛文锡作《茶谱》：《茶谱》五代茶书，毛文锡撰，一卷。毛文锡，字平珪，高阳人，历仕前蜀、后蜀。官至翰林学士承旨、司徒、判枢密院事。文锡通音乐，能诗工词，时名颇重，为花间词人之一，著有《前蜀纪事》等。《茶谱》原书已佚，今人陈尚君辑本辑得41条。辑本中提到一些书籍为宋

代文献，为后代加入。该书主要记载不同产区的茶叶情况，是第一部茶源地理方面的专著，有较高的文献参考价值。

[15] 第：只是。

[16] 建有紫笋：毛文锡《茶谱》原书已佚，此句仅见于《宣和北苑贡茶录》。又汪继壕按：“乐史《太平寰宇记》云：‘建州土贡茶’引《茶经》云：‘建州方山之芽及紫笋，片大极硬，须汤浸之，方可碾，极治头痛，江东老人多味之。’”依此则当时建茶已制成片茶，但品级不高。

[17] 腊面：唐末五代至宋的高端茶品，亦作“蜡面”，以其表面汤花似蜡而得名，是此一大类研膏茶的统称，不是特指的品种，常常相对于草茶而称。宋程大昌《演繁露续集·蜡茶》：“建（建州）茶名蜡茶，为其乳泛汤面，与鎔蜡相似，故名蜡面茶也。”此茶晚唐已充贡茶。《旧唐书·哀帝纪》：“福建每年进橄榄子……虽嘉忠荩，伏恐烦劳。今后只供进蜡面茶，其进橄榄子宜停。”蜡面茶不只限于建州，当时四川等地也有出产，宋欧阳修《归田录》云：“腊茶盛产于剑建，草茶盛产于两浙。”《茶谱》中亦有好几个产地提到蜡茶或研膏茶，长江上游、中游、下游地区都有。这种制法究竟最早起源在哪里，还不好说。

[18] 福：指福州。唐开元十三年（725）改闽州置，治所在闽县（今福建福州市）。《元和志》卷二十九《福州》：“因州西北福山为名。”辖境相当于今福建尤溪县北尤溪口以东的闽江流域和古田、屏南、福安、福鼎等市县以东地区。五代后辖境西南部缩小。天宝元年（742）改为长乐

郡，乾元元年（758）复为福州。唐为福建节度使治。五代为闽都，一度改为长乐府。宋为福建路治。今人对《茶谱》中福州产腊面的了解也是来自《宣和北苑贡茶录》。

五代之季，建属南唐[19]。南唐保大三年，俘王延政而得其地。岁率诸县民采茶北苑，初造研膏，继造腊面。丁晋公《茶录》载：泉南老僧清锡，年八十四，尝示以所得李国主书寄研膏茶，隔两岁方得腊面，此其实也[20]。至景祐[21]中，监察御史丘荷撰《御泉亭记》[22]，乃云："唐季敕福建罢贡橄榄，但贽腊面茶，即腊面产于建安明矣。"荷不知腊面之号始于福，其后建安始为之。[按]唐《地理志》：福州贡茶及橄榄，建州惟贡練练，未尝贡茶。前所谓罢供橄榄，惟贽腊面茶，皆为福也。[23]庆历[24]初，林世程作《闽中记》[25]言：福茶所产在闽县十里。且言往时建茶未盛，本土有之，今则土人皆食建茶[26]。世程之说，盖得其实。而晋公所记腊面起于南唐，乃建茶也[27]。既又制其佳者，号曰京铤[28]。其状如贡神金、白金之铤。[29]

---

[19] 五代之季，建属南唐：南唐保大三年（945），南唐大军在建州水南大败闽帝王延政，建州城破，王延政被俘。建州是当时闽国国都，遂归南唐。

[20] 丁谓《茶录》此条引文是说明先有研膏茶，后有腊面茶，印证正文"初造研膏，继造腊面"。

［21］景祐：1034—1038年，宋仁宗年号。

［22］丘荷撰《御泉亭记》：丘荷本是建州建安人。《北苑御泉亭记》属其官职为朝奉郎试大理司直兼监察御史南剑州军事判官监建州造买纳茶务，其时以南剑州判官监管建州茶事。此文作于景祐三年丙子（1036）七月五日。御泉亭即是北苑御泉井上的亭子。

［23］这一段引唐《地理志》是说，丘荷不了解腊面茶是先在福州出产的，所谓唐朝时罢供橄榄，只贡腊面茶，指的是福州而非建州，当时建州还没有贡腊面茶。《旧唐书·哀帝纪》："福建每年进橄榄子……虽嘉忠荩，伏恐烦劳。今后只供进蜡面茶，其进橄榄子宜停。"也言及此事。

［24］庆历：1041—1048年，宋仁宗年号。

［25］林世程作《闽中记》：《闽中记》为唐林谞所撰，后宋林世程重修，这两本书都没有保留下来。林谞、林世程都是福建本地人。《闽中记》是讲福建历史沿革的地方志书。

［26］这里讲福茶兴起在先，建茶兴起在后。

［27］丁谓《茶录》提到的南唐时的腊面茶就是建茶了。（实际上闽国时，贡茶已自建州，南唐腊面自然是建茶。）

［28］京铤：亦作"京挺"，五代宋初贡茶。宋代马令《南唐书》："保大四年（946），命建州制的乳茶，号曰京挺，蜡茶之贡自此始。"则南唐始创此茶，京挺即为的乳。杨亿《杨文公谈苑》亦云："江左日近方有蜡面之号，李氏别令取其乳作片，或号曰京挺、的乳及骨子等，每岁不过五六万斤，迄今岁出三十余万斤。凡十品：曰龙茶、凤

茶、京挺、的乳……舍人、近臣赐京挺、的乳，馆阁白乳。”又《文献通考·征榷五》注称：“石乳、[的]乳皆狭片，名曰京的乳，亦有阔片者。”则的乳、京铤界限不明，亦可分别称呼，亦有混用。

[29] 这段文字认为京铤的名字来源于其外形，与条块状的上贡金铤相似。

圣朝开宝末下南唐[30]，太平兴国[31]初，特置龙凤模，遣使即北苑造团茶，以别庶饮，龙凤茶盖始于此[32]。[按]《宋史·食货志》载：“建宁腊茶，北苑为第一，其最佳者曰社前，次曰火前，又曰雨前，所以供玉食、备赐予，太平兴国始置。大观以后，制愈精，数愈多，胯式屡变，而品不一，岁贡片茶二十一万六千斤。”又《建安志》：“太平兴国二年，始置龙焙，造龙凤茶。漕臣柯适[33]为之记云。[34]”又一种茶，丛生石崖，枝叶尤茂，至道[35]初有诏造之，别号石乳[36]。又一种号的乳[37]。[按]马令《南唐书》：“嗣主李璟命建州茶制的乳茶，号曰京铤。腊茶之贡自此始，罢贡阳羡茶。[38]”又一种号白乳[39]，盖自龙凤与京、石、的、白四种继出，而腊面降为下矣[40]。杨文公亿《谈苑》所记，龙茶以供乘舆，及赐执政、亲王、长主，其余皇族、学士、将帅皆得凤茶，舍人近臣赐金铤、的乳，而白乳赐馆阁，惟腊面不在赐品。[按]《建安志》载《谈苑》云：“京铤、的乳赐舍人、近臣，白乳、的乳赐馆阁。”疑京铤悮金铤，白乳下遗的乳。

---

[30] 圣朝开宝末下南唐：指宋于开宝末年攻灭南唐。宋开宝七

年（974）九月，赵匡胤以李煜拒命不朝为辞，发兵10余万，三路并进，趋攻南唐。开宝八年（975）十一月，宋军破金陵，李煜奉表投降。南唐遂亡。

[31] 太平兴国：北宋太宗年号（976—984）。

[32] 关于龙凤团茶始造，宋高承《事物纪原》引丁谓《北苑茶录》："龙茶，太宗太平兴国二年，遣使造之，规取像类，以别庶饮也。"根据这条记载，则龙团是太平兴国二年（977）始创，成为贡茶以和民间茶品相区别。庶饮，指老百姓喝的茶。

[33] 柯适，生平不详，是庆历年间福建路转运使，主管北苑茶事，适逢"前丁后蔡"之间。柯适于北宋庆历戊子（1048）凿岩刻字记录了北苑龙焙盛事，今仍存于北苑官焙遗址，当地称"凿字岩"，成为珍贵的文物。

[34] 这一段两条引文皆证龙凤茶始于太平兴国，《建安志》记其始于太平兴国二年（977）。本文注释32《事物纪原》引丁谓《北苑茶录》与此同。

[35] 至道：宋太宗年号，995—997年。

[36] 石乳：宋代贡茶之一。从熊蕃的记载来看，大概是根据茶树生长地（也可能是品种特性）来界定的。又杨亿《杨文公谈苑》也说："龙、凤、石乳茶，皆太宗令造。"《宋史·地理志五》亦载："建宁府贡火前、石乳、龙茶。"《文献通考·征榷五》注云："石乳、[的]乳皆狭片，名曰京的乳，亦有阔片者。"则似乎所用模具不同。

又汪继壕此处按文引《墨客挥犀》认为"石岩白"即

是石乳，大概是混淆了。又引《事文类聚续集》：“至道间，仍添造石乳、腊面。”

[37] 的乳：五代宋初贡茶。宋杨亿《杨文公谈苑》：“[建茶]凡十品：曰龙茶、凤茶、京挺、的乳……舍人、近臣赐京挺、的乳。”则此茶多用来赐舍人等近臣。《文献通考·征榷五》载：“有龙、凤、石乳、的乳……十二等，以充岁贡及邦国之用并本路食茶（注云：石乳、[的]乳皆狭片，名曰京的，乳亦有阔片者）。”则的乳有阔、狭片之分，的乳与石乳的狭片合称京的。又汪继壕按，此事发生在保大四年（946）。

[38] 此条引文前面注释已引，李璟命制的建州茶，的乳即是京铤。

[39] 白乳：宋贡茶名，宋杨亿《杨文公谈苑》载：“[建茶]凡十品：曰龙茶、凤茶、京挺、的乳、石乳、白乳、头金、蜡面、头骨、次骨。龙茶以供乘舆及执政、亲王、长主，余皇族、学士、将帅皆得凤茶，舍人、近臣赐京挺、的乳，馆阁白乳。”则白乳多赐馆阁诸臣，与的乳等茶，除了类别不同，亦隐含品级高下。

[40] 这里所说的腊面，是相对普通的研膏片茶，与皇室所用和赏赐大臣的那几类茶品相比，要差一些。汪继壕按引《文献通考》榷茶条：“凡茶有二类，曰片、曰散，其名有龙、凤、石乳、的乳、白乳、头金、腊面、头骨、次骨、末骨、粗骨、山挺十二等，以岁充贡及邦国之用。”排列大致能代表其等级。又注云“龙凤皆团片，石乳、头乳皆

狭片，名曰京的。乳亦有阔片者。乳以下皆阔片。”大致可见各等级茶之形制。汪氏引文与前面“的乳”条所引版本不同，可供参考。原注的引文所述为皇帝用茶及赏赐用茶的等级品种，前面已引，不赘述。

盖龙凤等茶，皆太宗朝[41]所制，至咸平[42]初丁晋公[43]漕闽[44]始载之于《茶录》[45]。人多言龙凤团起于晋公，故张氏《画墁录》云：晋公漕闽，始创为龙凤团。此说得于传闻，非其实也。[46]庆历中，蔡君谟[47]将漕[48]，创造小龙团以进，被旨仍岁贡之。君谟北苑《造茶》[49]诗自序云：“其年改造上品龙茶，二十八片才一斤，尤极精妙，被旨仍岁贡之。[50]”欧阳文忠公《归田录》[51]云：“茶之品莫贵于龙凤，谓之小团，凡二十八片重一斤，其价直金二两。然金可有，而茶不可得。尝南郊致斋，两府共赐一饼，四人分之，宫人往往缕金花其上，盖贵重如此。[52]”自小团出，而龙凤遂为次矣。

---

[41] 太宗朝：宋太宗在位自开宝九年（976）至至道三年（997）共21年。

[42] 咸平：（998—1003）宋真宗年号。

[43] 丁晋公：指真宗朝丞相丁谓（966—1037），乾兴元年（1022），封为晋国公。故称“丁晋公”，丁谓在咸平年间曾任福建路转运使，期间提升贡茶品质，并著《北苑茶

录》一书。参见本书《茶录》注释“丁谓”条。

[44] 漕闽：指丁谓任福建路转运使。转运使执掌漕运钱粮，宋代常以“漕”指代转运使职能。如转运使官署“转运使司”即称为“漕司”。闽，指福建。

[45]《茶录》：指丁谓所做《北苑茶录》，其《北苑焙新茶》诗序称《建安茶录》，晁公武《郡斋读书志》《通考》均著录为《建安茶录》，同时代人杨亿《杨文公谈苑》则称为《北苑茶录》，并称：“备载造茶之法。”蔡襄《茶录》则记其为《茶图》。原书三卷，今已佚，《东溪试茶录》等书共存十余条。参见本书《茶录》注释“茶图”条。

[46] 这段注文指出有的文献记载的丁谓始创龙凤团的说法是不准确的。前面已经有多条文献记录龙凤团茶始于太平兴国二年。丁谓是淳化年间才任福建路转运使的，相差十几年，不过其提高贡茶品质是有其事的。

[47] 蔡君谟：指蔡襄，字君谟。庆历六年（1046）至庆历八年（1048）任福建路转运使。详见本书《茶录》注释“蔡襄”条。

[48] 将漕：指任福建路转运使。将，带领、执掌。漕，见前“漕闽”条。

[49] 指蔡襄北苑十咏中《造茶》一诗，“屑玉寸阴间，抟金新范里。规呈月正圆，势动龙初起。焙出香色全，争夸火候是。”自序云：“其年改造新茶十斤，尤极精好，被旨号为上品龙茶，仍岁贡之。”自注：“龙凤茶八片为一斤，上品龙茶每斤二十八片。”

[50] 蔡襄创制小龙团出自其《北苑造茶诗自序》，是可靠的一手资料。

[51] 欧阳修晚年所作的笔记，二卷，内容主要记述北宋前期人物事迹、职官制度，兼及官场轶事，夹杂谐谈、戏谑之言。此处引文与原文有出入。录原文如下：“茶之品莫贵于龙凤，谓之团茶，凡八饼重一斤。庆历中蔡君谟为福建路转运使，始造小片龙茶以进。其品绝精，谓之小团，凡二十饼重一斤，其价直金二两，然金可有，而茶不可得。每因南郊致斋，中书、枢密院各赐一饼，四人分之，宫人往往缕金花于其上，盖其贵重如此。”

[52] 欧阳修此段文字极言小团贵重。南郊祭祀这样的大典，国家最重要的政府机关中书、枢密两府各赐一饼（依《归田录》原文），四位领导人分，宫中还要在上面用金线绣花，实在是太难得了。

元丰[53]间，有旨造密云龙[54]，其品又加于小团之上。昔人诗云：“小壁云龙不入香，元丰龙焙乘诏作”，盖谓此也。[按]此诗乃山谷和杨王休点密云龙诗[55]。绍圣[56]间改为瑞云翔龙[57]。

[53] 元丰：（1078—1085）宋神宗年号。

[54] 密云龙：宋代极品贡茶名。福建路转运使贾青创制于元丰五年（1082），以建州龙焙壑源拣芽精制而成。双角团

袋，斤为四十饼。又称畜云龙，简称密云、云龙。宋王巩《续闻见近录》载："元丰中，取拣芽不入香作'密云龙'茶，小于小团而厚实过之。终元丰，外臣未始识之。宣仁垂帘，始赐二府；及裕陵，宿殿夜，赐碾成末茶二府两许，二小黄袋，其白如玉。"可见其贵重。周煇《清波杂志》卷四《密云龙》载："自熙宁（按：应作元丰）后，始贵'密云龙'，每岁头纲修贡，奉宗庙及供玉食外，赉及臣下无几。戚里贵近，丐赐尤繁……"《铁围山丛谈》："神祖时，即龙焙又进密云龙。密云龙者，其云纹细密，更精绝于小龙团也。"可知"密云龙"得名在于其云纹更加细密。参见叶梦得《石林燕语》卷八、李焘《长编》卷三二二、《宋会要辑稿·食货》三〇之八等。《画墁录》："熙宁末，神宗有旨，建州制密云龙，其品又加于小团矣。然密云龙出，则二团少粗，以不能两好也。"可见因为制密云龙选用最顶级原料，导致龙凤小团的品质略有下降。关于密云龙宋人题咏极多，如苏颂《次韵孔学士密云龙茶》："精芽巧制自元丰，漠漠飞云绕戏乐。北焙新成圆月样，内廷初启绛囊封。"

[55] 汪继壕按引《山谷集》黄庭坚诗《博士王扬休碾密云龙同十三人饮之戏作》："畜云苍璧小盘龙，贡包新样出元丰。王郎坦腹饭床东，大官分物来妇翁。"又《谢送碾壑源拣芽》："畜云从龙小苍璧，元丰至今人未识。壑源包贡第一春，缃奁碾香供玉食。"都不是原注中的诗。原注中的诗出自黄庭坚《和答梅子明王扬休点密云龙》："小

壁云龙不入香，元丰龙焙呈诏作。二月尝新官字盏，游丝不到延春阁……”杨王休为王扬休之误。

[56] 绍圣：（1094—1098），宋哲宗年号。

[57] 瑞云翔龙：宋代顶级贡茶名。宋代赵汝砺《北苑别录·纲次》：“瑞云翔龙，小芽，十二水，九宿火，正贡一百八片。”“细色第四纲贡茶。”汪继壕按引《清虚杂著补阙》：“元祐末，福建转运司又取北苑旗枪，建人所作斗茶者也，以为瑞云龙。请进，不纳。绍圣初，方入贡，岁不过八团。其制与密云龙等而差小也。”又《铁围山丛谈》云：“哲宗朝，益复进瑞云翔龙者，御府岁止得十二饼焉。”可见极其精细珍贵，更甚于密云龙。

至大观[58]初，今上亲制《茶论》二十篇[59]，以白茶与常茶不同，偶然生出，非人力可致，于是白茶遂为第一[60]。庆历初，吴兴刘异为《北苑拾遗》[61]，云：官园中有白茶五六株，而壅培[62]不甚至。茶户唯有王免者，家一巨株，向春常造浮屋以障风日。其后有宋子安者，作《东溪试茶录》，亦言：“白茶民间大重，出于近岁，芽叶如纸，建人以为茶瑞”，则知白茶可贵，自庆历始，至大观而盛也。[63]既又制三色细芽[64]，及试新銙[65]，大观二年[66]造御苑玉芽、万寿龙芽，四年又造无比寿芽及试新銙。[按]《宋史·食货志》銙作胯[67]。贡新銙[68]。政和三年[69]造贡新銙式，新贡皆创为此，献在岁额之外。[70]自三色细芽出，而瑞云翔龙顾居下矣[71]。

---

[58] 大观：（1107—1110），宋徽宗年号。

[59] 今上亲制《茶论》二十篇：指宋徽宗所作《大观茶论》，正文共有二十篇。参见本书《大观茶论》“大观茶论”条。

[60] 关于白茶，《大观茶论·白茶》：“白茶自为一种，与常茶不同。其条敷阐，其叶莹薄。崖林之间，偶然生出，盖非人力所可致。”此白茶为特殊品种，与今日六大茶类中白茶不同。参见本书《大观茶论》注释“白茶”条。

[61] 吴兴刘异为《北苑拾遗》：《北苑拾遗》应作《北苑拾遗录》，一卷，已佚。陈振孙《直斋书录解题》“庆历元年序”，则此书可能撰于1041年。刘异，字成伯，福州人，天圣八年（1030）进士。异以文学知名，终官尚书屯田员外郎。此处籍贯作“吴兴”恐误。刘异与蔡襄不仅是同年（同科进士），而且蔡襄次子娶刘异之女，二人是儿女亲家。

[62] 壅焙：指施肥培土、养护。赵汝砺《北苑别录》：“白茶无培壅之力。”

[63] 此段引文说明白茶稀有可贵。汪继壕按于此处引《蔡忠惠文集·茶记》：“王家白茶，闻于天下，其人名王大诏。白茶唯一株，岁可作五七饼，如五铢钱大。方其盛时，高视茶山，莫敢与之角。一饼值钱一千，非其亲故不可得也。终以园家以计枯其株。予过建安，大诏垂涕为余言其事。今年枯枿辄生一枝，造成一饼，小于五铢。大诏越四千里特携以来京师见予，喜发颜面。予之好茶固深矣，而大诏不远数千里之役，其勤如此，意谓非予莫之省也，可怜哉！乙巳初月朔日书。”记录王大诏家有一株极品白

茶，有人嫉妒他而将茶树弄枯，所幸后来又生出一枝，制成了比五铢钱还小的一小饼，大诏专程携带此茶进京见蔡襄，蔡襄颇为感慨此事。从中亦可见蔡襄爱茶懂茶，为园民所重。

[64] 三色细芽：宋代贡茶品名。汪继壕此处按：《说郛》《广群芳谱》作“细茶”。

[65] 试新銙：简称“试新”，宋代贡茶品名。宋赵汝砺《北苑别录》：“龙焙试新，水芽，十二水，十宿火。正贡一百銙，创添五十銙。” 宋姚宽《西溪丛语》卷上：“茶有十纲，第一第二纲太嫩，第三纲最妙，自六网至十网，小团至大团而止，第一名曰试新，第二名曰贡新。第三名……”依此文试新銙为最顶级之茶品。

[66] 大观二年：1108年。

[67] 关于銙字写法，除了“銙”“胯”，还有多种。汪继壕此处按《石林燕语》作“䍐”，《清波杂志》作“夸”。关于銙字的含义，详见本书《品茶要录》注释“銙”。

[68] 贡新銙：简称“贡新”，宋代贡茶品名。宋赵汝砺《北苑别录》：“细色第一纲，龙焙贡新，水芽，十二水，十宿火，正贡三十胯，创添二十胯。”宋代庄绰《鸡肋集》卷下载：“大树二月初因雷迸出白芽，肥大长半寸许，采之浸水中，俟及半斤，方剥去外包，取其心如鍼细，仅可蒸研，以成一胯，故谓之水芽。然须十胯中入去岁旧水芽两胯，方能有味，初进止二十胯，谓之贡新。”指贡新为极细嫩之“水芽”制成。周煇《清波杂志》卷四载：“岁贡

十有二纲，凡三等，四十有一名。第一纲曰龙焙贡新，止五十余銙，贵重如此。”

[69] 政和三年：1113年。政和（1111—1118），宋徽宗年号。

[70] 这一段讲贡新銙创制之后开始进贡，不在岁额之内。

[71] 顾居下矣：反而居于下位了。顾，表转折。

凡茶芽数品，最上曰小芽，如雀舌、鹰爪[72]，以其劲直纤锐[73]，故号芽茶。次曰拣芽[74]，乃一芽带一叶者，号一枪一旗[75]。次曰中芽[76]，乃一芽带两叶者，号一枪两旗。其带三叶、四叶，皆渐老矣[77]。芽茶早春极少。景德[78]中，建守周绛[79]为《补茶经》，言：“芽茶只作早茶，驰奉万乘[80]尝之可矣。如一枪一旗，可谓奇茶[81]也。故一枪一旗号拣芽，最为挺特[82]光正。”舒王[83]《送人官闽中》诗云：“新茗斋中试一旗”[84]，谓拣芽也。或者乃谓茶芽未展为枪，已展为旗，指舒王此诗为误，盖不知有所谓拣芽也[85]。今上圣制《茶论》[86]曰：“一旗一枪为拣芽。”又见王岐公珪诗云：“北苑和香品最精，绿芽未雨带旗新。[87]”故相韩康公绛诗云：“一枪已笑将成叶，百草皆羞未敢花[88]。”此皆咏拣芽，与舒王之意同。夫拣芽犹贵如此，而况芽茶以供天子之新尝者乎？

---

[72] 雀舌、鹰爪：特别细嫩芽茶的称呼。宋沈括《梦溪笔谈》卷二四：“茶芽，古人谓之雀舌、麦颗，言其至嫩也。”参

见本书《品茶要录》注释“鹰爪之芽”，《大观茶论》注释“雀舌、谷粒”。

[73] 纤锐：尖细、细小。

[74] 拣芽：《说郛》本作“中芽”，误。可参考《大观茶论》，本文下面也已经说得很清楚了。拣芽是北苑贡茶的等级之一，仅次于斗品。宋徽宗《大观茶论》：“凡芽如雀舌、谷粒者为斗品，一枪一旗为拣芽，一枪二旗为次之，余斯为下。”黄儒《品茶要录》：“茶之精绝者曰斗，曰亚斗，其次拣芽、茶芽。”王巩《续闻见近录》：“元丰中，取拣芽不入香作密云龙茶，小于小团而厚实过之。终元丰，外臣未始识之。”

[75] 一枪一旗：一芽一叶。枪形容芽尖、旗形容微微初展的嫩叶。宋徽宗《大观茶论》：“凡芽如雀舌、谷粒者为斗品，一枪一旗为拣芽，一枪二旗为次之，余斯为下。”旗、枪的叫法延续至今，参见本书《大观茶论》注释“一枪一旗为拣芽”。

[76] 中芽：北苑贡茶原料等级，一芽带两叶，比拣芽、小芽要老一些。

[77] 其带三叶、四叶皆渐老矣：以宋代采制和饮茶法，这样老的茶口感很差。现在茶大多以冲泡方式饮用，采制亦不同于宋代，一芽三四叶也是可以做出好茶的。

[78] 景德：（1004—1007），宋真宗年号。

[79] 建守周绛：建州太守周绛。周绛，字干臣，常州溧阳（今江苏溧阳）人，少为道士，后还俗发愤读书。第太平兴国

八年（983）进士，先后任太常博士、以都官员外郎知常州。大中祥符初（1008）知建州。主管茶事，于北苑御茶补种茶三万株。著有《补茶经》，亦名《茶苑总录》。关于周绛知建州的时间，《郡斋读书志》《文献通考》皆作“祥符中”，与此处熊蕃记载不同。《补茶经》应著于周绛知建州时期。今已佚。

[80] 驰奉万乘：指上贡给皇帝。

[81] 奇茶：珍奇稀少之茶。

[82] 挺特：超群特出。

[83] 舒王：指王安石，舒王是宋徽宗对已逝的王安石追赠的封号。《宋史》卷一百五 志第五十八：“政和三年，诏封王安石舒王，配享；安石子雱临川伯，从祀。”

[84] 此诗见于王安石《送福建张比部》：“长鱼俎上通三印，新茗斋中试一旗。只恐远方难久滞，莫愁风物不相宜。”

[85] 这句是说有的人认为茶芽打开了才能叫旗（已过采摘最佳时节），王安石此诗有误。作者解释，王诗里指的是一旗一枪的拣芽。

[86] 上圣制《茶论》：宋徽宗所作《大观茶论》。

[87] 此诗见宋王珪《和公仪饮茶》：“北焙和香饮最真，绿芽未雨带旗新。煎须卧石无尘客，摘是临溪欲晓人。”王珪是仁宗、英宗、神宗朝名臣，哲宗朝被封岐国公，故称王岐公。

[88] 此诗出处不详。韩绛为仁宗、英宗、神宗朝大臣，封康国公，故称韩康公。

芽茶绝矣[89]。至于水芽[90]，则旷古未之闻也[91]。宣和庚子岁[92]，漕臣郑公可简[93]，[按]《潜确类书》作“郑可闻”。始创为银线水芽[94]。盖将已拣熟芽[95]再剔去，只取其心一缕，用珍器贮清泉渍之[96]，光明莹洁，若银线然。其制方寸新銙[97]，有小龙蜿蜒其上，号龙园胜雪[98]。[按]《建安志》云：“此茶盖于白合中取一嫩条，如丝鬓大者，用御泉水研造成，分试[99]其色如乳，其味腴而美。”[100]又“园”字《潜确类书》作“团”[101]，今仍从原本，而附识于此。又废白、的、石三乳[102]，鼎造[103]花銙[104]二十余色[105]。初，贡茶皆入龙脑[106]。蔡君谟《茶录》云：“茶有真香，而入贡者微以龙脑和膏，欲助其香。”至是虑夺真味[107]，始不用焉。

---

[89] 芽茶绝矣：芽茶已经是极致了。绝，独一无二。

[90] 水芽：宋代贡茶之极品，是从筛选好的蒸过的茶芽中取其心的一缕，泡在清泉里。详见下文解释。

[91] 旷古未之闻也：从古以来都没听说过。

[92] 宣和庚子岁：宣和二年（1120）。

[93] 漕臣郑公可简：郑可简，《说郛》等书作“郑可闻”。从《宋会要辑稿》《八闽通志》等书看，应以“郑可简”为是。宣和年间曾任福建路转运判官，判官称“漕臣”亦无不可。郑可简后来因为造新茶献蔡京而被升为转运副使，事见《容斋随笔》。郑可简创银线水芽，制龙团胜雪，把北苑贡茶带到了一个新的高峰，从工艺上来说，达到登峰

造极的地步。

[94] 银线水芽：指白色水芽极纤细，如同银线。

[95] 熟芽：指蒸过的茶芽。水芽需先蒸再剔，是因为茶芽里面这一缕过于细嫩，直接蒸青难以把握，需有茶芽外面保护，蒸过之后再剔除外面保护芽叶。这种取出的芽芯，和今日各类芽茶不同，有点类似于今日普洱熟茶渥堆后再筛分出的所谓“宫廷普洱”，但因树种、采摘时间、工艺不同，远比熟茶宫廷普洱更加细嫩难制。

[96] 珍器贮清泉渍之：用珍贵的器皿装着清泉水来泡它。

[97] 方寸新銙：指茶銙或茶饼一寸见方。下文图中显示“竹圈、银模，方一寸二分。”

[98] 龙园胜雪：宋代顶级贡茶品名。除了本书记其制法。赵汝砺《北苑别录》按引《建安志》：“龙园胜雪用十六水，十二宿火；白茶用十六水，七宿火。胜雪系惊蛰后采造，茶叶稍壮，故耐火。白茶无培壅之力，茶叶如纸，故火候止七宿。水取其多，则研夫力胜而色白，至火力但取其适，然后不损真味。”从中可以看出胜雪采摘时间较一般芽茶为晚，需等茶芽里面最嫩的一缕长出才能采摘。从该文可以看出龙园胜雪工艺之繁复，在贡茶中也是耗工最多的。龙园胜雪在有的书中也称为“龙团胜雪”。

[99] 分试：指点茶。“分茶”的说法多用于南宋，和点茶是同义语。

[100]《建安志》此段引文除了与文中相同的部分，还透露出取嫩条的茶芽为“白合”，即合抱而生的小叶，此种小叶

通常加工时需要剔除。这里所谓白合则是指合抱嫩条的茶芽，较普通茶芽为晚，所以前面赵汝砺《北苑别录》按引《建安志》说胜雪系惊蛰后采造，与此相合。参见本书《品茶要录》注释“白合”条。

[101] 关于“龙园”还是“龙团”，汪继壕按，《说郛》《广群芳谱》作“团”，《西溪丛语》作“园”。考察其他宋代文献，大多数还是称“龙团胜雪”。

[102] 白、的、石三乳：指上文提到的白乳、的乳、石乳三种贡茶。

[103] 鼎造：创新制造。鼎，变革，创新。

[104] 花銙：赵汝砺《北苑别录》：“有方銙，有花銙，有大龙，有小龙，品色不同，其名各异。”花銙大概与方銙相对，指模具形制。

[105] 色：种类。

[106] 龙脑：古代香料，为龙脑香树脂所成，或由其枝叶所制。龙脑与茶相宜，有助发茶香之功，故早期常以龙脑入茶，后随着品鉴的要求升高而弃用。实际上，不独是茶，龙脑入食物、入酒的做法在宋代皆有。参见本书《茶录》注释“以龙脑和膏”。

[107] 虑夺真味：担心破坏本有的味道。

北宋　河南窑场黑釉白口斗笠盏

北宋　河南窑场油滴撇口盏

南宋　银如意纹梅瓶一对

南宋　赣州七里镇窑酱釉柳条钵

北宋　定窑小罐

北宋　带盖小罐

宋　褐漆盏托

今日云南茶山古树茶园，生态环境较好。

宋　无款　文会图

宋　佚名　饮茶图团扇面

盖茶之妙至胜雪极矣，故合为首冠[108]，然犹在白茶之次者，以白茶上所好也[109]。异时[110]郡人黄儒[111]撰《品茶要录》，极称当时灵芽之富，谓使陆羽数子[112]见之，必爽然自失[113]。蕃亦谓使黄君而阅今日，则前乎此者未足诧焉[114]。

然龙焙初兴，贡数殊少[115]，太平兴国初才贡五十片[116]。累增至于元符[117]，以片[118]计者一万八千，视初已加数倍，而犹未盛[119]。今则为四万七千一百片有奇[120]矣。此数皆见范逵所著《龙焙美成茶录》[121]，逵，茶官也。

---

[108] 首冠：第一。

[109] 龙团胜雪虽然精妙到了极致，但还是要位列白茶之后，因为白茶是皇上所喜好的。

[110] 异时：从前、往时。

[111] 郡人黄儒：黄儒和熊蕃都是建州人。参见本书《品茶要录》注释“黄儒”。

[112] 数子：那些人。指陆羽时代的人。

[113] 这段话见黄儒《品茶要录·总论》：“借使陆羽复起，阅其金饼，味其云腴，当爽然自失矣。”详见本书《品茶要录》相关注释。

[114] 假如黄儒看到今日这番光景，那前面他所说的就不值得惊讶了。意谓，熊蕃当时（徽宗时代）的北苑贡茶又比黄儒

那个时候（神宗时代）精细太多了。

[115] 刚刚建立龙焙的时候，上贡的贡茶很少。

[116] 此处汪继壕按引《能改斋漫录》："建茶务，仁宗初，岁造小龙、小凤各三十斤，大龙，大凤各三百斤，不入香京铤共二百斤，腊茶一万五千斤。"又王存《元丰九域志》："建州土贡龙凤茶八百二十斤"。从中可以大概了解仁宗和神宗时代的贡茶情况，相较于太宗时，代有增加。

[117] 元符：（1098—1100），宋哲宗年号，徽宗元符三年正月即位沿用。

[118] 片：汪继壕此处按，"《说郛》作'斤'"。下面"今则四万七千一百"后《说郛》也作"斤"。今查涵芬楼本《说郛》仍作"片"，汪继壕《说郛》版本与此不同。综合考量，似以"片"为合理，如果是"斤"，单单龙凤茶就有此巨量，北苑一地恐不能承受。而且下文说是比当初加数倍，如果是"斤"，就不只是数倍了。

[119] 视初已加数倍，而犹未盛：比当初已经增加了好几倍还不算多的。

[120] 有奇：有余、有零头。

[121] 范逵所著《龙焙美成茶录》：此书已佚，作者生平亦不详。且该书仅见于本书记载。从书名看，大概是北苑龙焙沿革之类的茶书。汪继壕按《说郛》"范逵"作"范达"。今查涵芬楼本《说郛》作"范逵"。

貢新銙

竹圈

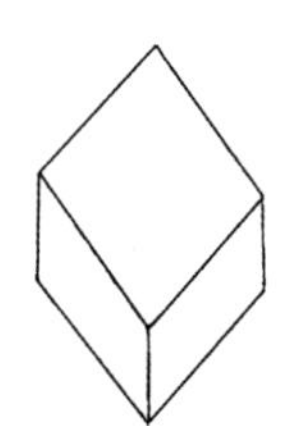

試新銙

竹圈

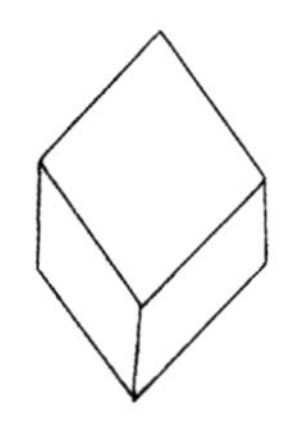

龍園勝雪

竹圈

銀模

白茶

竹圈

銀模

御苑玉芽

銀圈

銀模

萬壽龍芽

銀圈

銀模

上林第一

按此條原本闕圈模

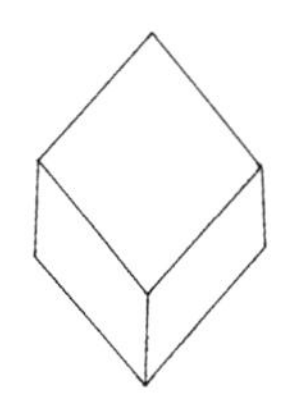

乙夜供清

竹圈

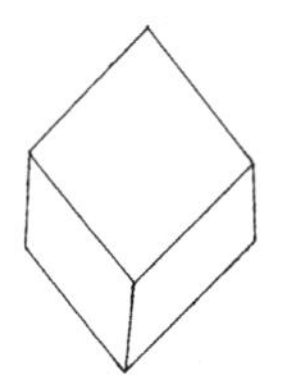

承平雅玩

竹圈

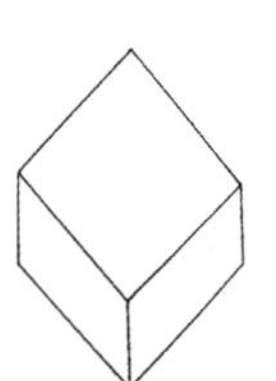

龍鳳英華

按此條原本闕圈模

玉除清賞

按此條原本闕圈模

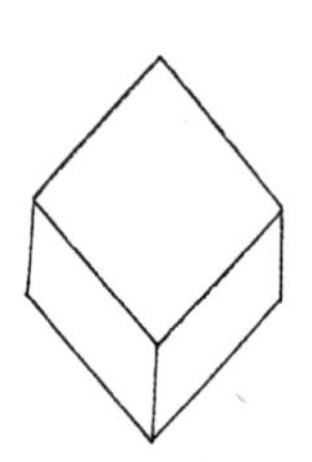

啓沃承恩

竹圈

雲葉

銀圈

銀模

雪英

銀圈

銀模

金錢

銀圈

銀模

蜀葵

銀圈

銀模

玉華

銀模

銀圈

寸金

銀模

竹圈

無比壽芽

銀模

竹圈

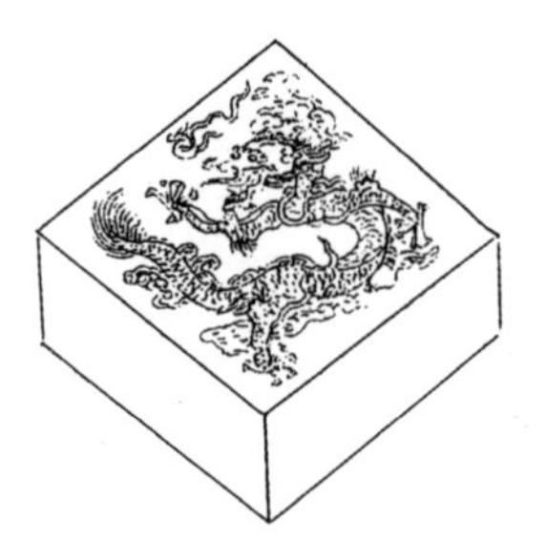

萬春銀葉

銀圈

銀模

宜年寶玉

銀圈

銀模

玉清慶雲

銀模

銀圈

無疆壽龍

銀模

竹圈

玉葉長春

竹圈

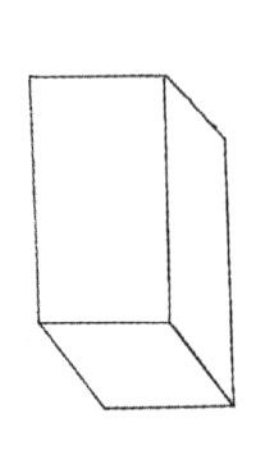

瑞雲翔龍

銀模

銅圈

長壽玉圭

銀模

銅圈

興國巖銙

竹圈

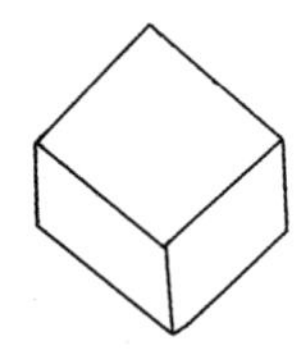

香口焙銙

竹圈

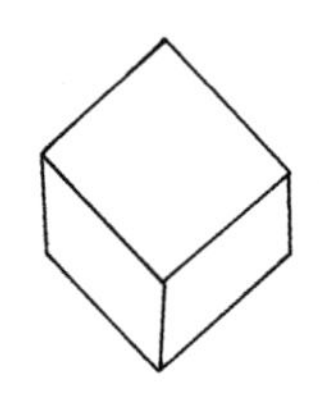

上品揀芽

銀模

銅圈

新妝揀芽

銅圈

銀模

太平嘉瑞

銅圈

銀模

龍苑報春

銀模

銅圈

南山應瑞

銀模

銀圈

興國巖揀芽

銀圈

銀模

銀模　銀圈

大龍

銀模　銅圈

小鳳
銀模
銅圈
大鳳
銀模
銅圈

自白茶、胜雪以次[122]，厥[123]名实繁，今列于左，使好事者得以观焉。

贡新銙大观二年造

试新銙政和二年造

白茶政和三年造

龙园胜雪宣和二年造

御苑玉芽大观二年造

万寿龙芽大观二年造

上林第一宣和二年造

乙夜供清宣和二年造

承平雅玩宣和二年造

龙凤英华宣和二年造

玉除清赏宣和二年造

启沃承恩宣和二年造

雪英宣和三年造

云叶宣和三年造

蜀葵宣和三年造[124]

金钱宣和三年造

玉华宣和三年造

寸金宣和三年造

无比寿芽大观四年造

万春银叶宣和二年造

宜年宝玉宣和二年造

玉清庆云宣和二年造

无疆寿龙宣和二年造

玉叶长春宣和四年造

瑞云翔龙绍圣二年造

长寿玉圭政和二年造

兴国岩銙

香口焙銙

上品拣芽绍圣二年造

新收拣芽

太平嘉瑞政和二年造

龙苑报春宣和四年造

南山应瑞宣和四年造

兴国岩拣芽

兴国岩小龙

兴国岩小凤已上号细色[125]

拣芽

小龙

小凤

大龙

大凤已上号粗色[126]

[122] 以次：以下。

[123] 厥：其。

[124] 雪英、云叶、蜀葵三种茶，汪继壕按《说郛》本作“宣和二年”。今查涵芬楼本《说郛》作“宣和三年”与此处同。后面还有多处与汪继壕《说郛》不同，但与涵芬楼本《说郛》一致的，不再一一列出。

[125] 已上号细色：指从开始到这里的所有茶品称为“细色”。

[126] 已上号粗色：从拣芽至此的茶品称为粗色。拣芽是原料等级不是茶品名字，这里是省略语，依《北苑别录》全称应作“不入脑子上品拣芽小龙”，因粗色中只有这一种用拣芽，所以以“拣芽”作为略称。

又有琼林毓粹、浴雪呈祥、壑源拱秀、贡篚推先、价倍南金、旸谷先春、寿岩都胜、延平石乳、清白可鉴、风韵甚高，凡十色，皆宣和二年所制，越五岁省去[127]。

右岁分十余纲[128]，惟白茶与胜雪自惊蛰前兴役[129]，浃日[130]乃成。飞骑疾驰，不出中春[131]，已至京师，号为头纲。玉芽以下，即先后以次[132]发，逮贡足时[133]，夏过半矣。欧阳文忠公诗曰：“建安三千五百里，京师三月尝新茶。[134]”盖异时如此，以今较昔，又为最早[135]。

因念草木之微，有瓌奇卓异[136]，亦必逢时而后出，而况为士者哉[137]。昔昌黎先生感二鸟之蒙采擢，而自悼其不如[138]。今蕃于是茶也，焉敢效昌黎之感赋，姑务自警而坚其守，以待时而已[139]。

---

[127] 越五岁省去：过了五年后就省去了，五年之后已是靖康元年，徽宗已禅位钦宗，金军兵临城下，之后即是开封城破，二帝被俘。盖国破之时，已无暇顾及此事。

[128] 右岁分十余纲：前面这些品类每年分为十余纲。古代书从右向左，故称上面写的这些为“右”。纲，唐宋时大批运送货物的组织方式，如茶纲、盐纲等。徽宗时期上贡的纲次尤为频繁，花石纲更是恶名远扬。在文中所说的“纲”，可理解为一队运输或一次运输。也就是贡茶要分前后十几次上贡朝廷。

[129] 惊蛰前兴役：兴役，指开始采制。黄儒《品茶要录》：“茶事起于惊蛰前。”赵汝砺《北苑别录》：“惊蛰节，万物始萌，每岁常以前三日开焙，遇闰则反之，以其气候少迟故也。”

[130] 浃日：十天，古代以干支纪日，称自甲至癸一周期十日为“浃日”。《国语·楚语下》：“远不过三月，近不过浃日。”韦昭注：“浃日，十日也。”

[131] 中春：有二义，一指春季的正中，（农历）二月十五日，二指春季的第二个月。这里应该是后一种。

[132] 以次：按次序。

[133] 逮贡足时：到了贡茶全部上贡完成时。

[134] 此诗出欧阳修《尝新茶呈圣俞》（嘉祐三年）："建安三千五百里，京师三月尝新茶。人情好先务取胜，百物贵早相矜夸。"

[135] 关于贡茶早晚：汪继壕按引《铁围山丛谈》："茶茁其芽，贵在社前，则已进御。自是迤逦宣和间，皆占冬至而尝新茗，是率人力为之，反不近自然矣。"可见宣和年间已有在冬至采茶的例子，不过效果并不好。

[136] 瓌奇卓异：奇特出众。瓌，音guī，亦作"瑰"。

[137] 这句是以茶比人。好茶要碰到好的时节才会出现，士人也要逢好的时代才能施展才能。

[138] 这里指韩愈所作《感二鸟赋》。这篇文章为韩愈二十九岁时所作。当时韩愈路遇进贡祥鸟，联想自己空有才学，无法施展，而两只鸟无才无德，却可以面见天子，于是感叹时运对于才士的重要。昌黎先生，韩愈郡望昌黎，世称昌黎先生。采擢，选拔。悼，哀伤。其不如，指自己还不如两只鸟。

[139] 这句熊蕃感慨，自己对茶也有类似昌黎先生对鸟的感触，不过何敢仿效昌黎先生作赋，姑且警醒自己，坚守本职，等待时机吧。熊蕃当时正处于宋代贡茶极盛的宣和时期，其时不仅是贡茶，各种精美贡品层出不穷，但海内已危机四伏，徽宗精于雅好，荒于政事，有才志之士难有施展的机会，不知有多少人发出熊蕃这样的感叹。

御苑采茶歌十首并序

先朝曹司封修睦[140]，自号退士，尝作《御苑采茶歌》十首，传在人口。今龙园所制，视昔尤盛，惜乎退士不见也。蕃谨摭[141]故事，亦赋十首，献之漕使。仍用退士元韵[142]，以见仰慕前修[143]之意。

云腴贡使手亲调，旋放春天采玉条。伐鼓危亭惊晓梦[144]，啸呼齐上苑东桥。

---

[140] 曹司封修睦：曹修睦（979—1046），宋建州建安人。曹修古弟。性廉介自立，有声乡里。真宗大中祥符五年进士。累官尚书都官员外郎，知邵武军。司封，尚书省吏部司封司及司封郎中、员外郎通称。掌封爵、赠官、承袭诸事。曹修睦曾任司封员外郎，故称。蔡襄为其撰《尚书司封员外郎曹公墓志铭》。曹修睦的《御苑采茶歌》今已不存了。

[141] 摭：zhí，拾取。

[142] 元韵：原诗的韵脚。

[143] 前修：前贤。

[144] 采茶前击鼓为令。

采采东方尚未明，玉芽同护见心诚。时歌一曲青山里，便是春风陌上声。

共抽灵草报天恩，贡令分明龙焙造茶依御厨法使指尊。逻卒日循云堑绕，山灵亦守御园门。

纷纶争径蹂新苔，回首龙园晓色开。一尉鸣钲三令趣[145]，急持烟笼下山来。采茶不许见日出。

红日新升气转和，翠篮相逐下层坡。茶官正要灵芽润，不管新来带露多。采新芽不折水。

翠虬新范绛纱笼，看罢春生玉节风。叶气云蒸千嶂绿，欢声雷震万山红。

凤山日日滃非烟，剩得三春雨露天。棠坼浅红酣一笑，柳垂淡绿困三眠。红云岛上多海棠，两堤官柳最盛。

龙焙夕薰凝紫雾，凤池晓濯带苍烟。水芽只自宣和有，一洗枪旗二百年。

修贡年年采万株，只今胜雪与初殊。宣和殿里春风好，喜动天颜是玉腴。

外台庆历有仙官，龙凤才闻制小团。按《建安志》："庆历间，蔡公端明[146]为漕使，始改造小团龙茶。"此诗盖指此。争得似金模寸璧，春风第一荐宸餐[147]。

---

[145] 天欲亮时鸣钲收工。

[146] 蔡公端明：蔡襄曾任端明殿学士，故称。

[147] 宸餐：宸，北极星，代指皇帝。

先人作《茶录》当贡品极盛之时，凡有四十余色。绍兴戊寅岁[148]，克摄事北苑[149]，阅近所贡皆仍旧，其先后之序亦同，惟跻[150]龙园胜雪于白茶之上，及无兴国岩小龙、小凤。盖建炎南渡[151]有旨，罢贡三之一[152]而省去也。[按]《建安志》载：靖康初，诏减岁贡三分之一，绍兴间复减大龙及京铤之半。十六年又去京铤，改造大龙团，至三十二年。凡工用之费，篚羞[153]之式，皆令漕臣端[154]之，且减其数。虽府贡龙凤茶，亦附漕纲以进，与此小异。[155]先人但著[156]其名号，克今更写[157]其形制，庶[158]览之者无遗恨焉。先是[159]，壬子春[160]，漕司再葺[161]茶政，越十三载，乃复旧额，且用政和故事[162]，补种茶二万株。政和间曾种三万株。次年益虔贡职[163]，遂有创增之目，仍改京铤为大龙团，由是大龙多于大凤之数。凡此皆近事，或者犹未知之也[164]。先人又尝作《贡茶歌》十首，读之可想

见异时之事，故并取以附于末。三月初吉[165]，男克[166]北苑寓舍书。

---

[148] 绍兴戊寅岁：绍兴二十八年（1158）。

[149] 摄事北苑：管理北苑茶事。克，熊克自称。

[150] 跻：升。

[151] 建炎南渡：靖康二年（1127），赵构从河北南下到陪都南京应天府（今河南商丘）鸿庆宫祭祀赵宋祖庙，在宫殿内即位为宋高宗，改元建炎，南宋建立。之后，宋高宗一路从淮河、长江到杭州，绍兴元年（1131）升杭州为临安府，定为“行在”。

[152] 罢贡三之一：取消上贡的三分之一。

[153] 篚羞：羞，同馐，美味。竹筐里装的美味，指茶。

[154] 端：详审。

[155] 关于南宋北苑贡茶情况，汪继壕此处有长按语，可参看《宋史食货志》，宋李心传《建炎以来朝野杂记·甲集》。

[156] 著：写出。

[157] 写：画出。尤指依物或样来绘画描摹。

[158] 庶：句首表推测，但愿、或许。

[159] 先是：在此之前，表追溯往事。

[160] 壬子春：此处的壬子年为绍兴二年，1132年。

[161] 葺：修治、治理。

[162] 政和故事：政和年间（1111—1118）的做法、旧例。

[163] 益虔贡职：在贡茶方面更加诚敬。

[164] 或者犹未知之也：或者还有尚不知详的情况。

[165] 初吉：朔日，即阴历初一日。《诗·小雅·小明》："二月初吉，载离寒暑。"毛传："初吉，朔日也。"

[166] 男克：指熊克。男，儿子，熊克对其先父熊蕃自称男。

北苑贡茶最盛，然前辈所录止于庆历以上。自元丰之密云龙、绍圣之瑞云龙相继挺出[167]，制精于旧，而未有好事者记焉，但见于诗人句中。及大观以来增创新銙，亦犹用拣芽。盖水芽至宣和始有，故龙园胜雪与白茶角立[168]，岁充首贡[169]。复自御苑玉芽以下，厥名实繁。先子[170]亲见时事[171]，悉能记之，成编具存。今闽中漕台[172]新刊《茶录》未备[173]，此书庶几补其缺云。

---

[167] 挺出：突出、出众。

[168] 角立：并立。

[169] 首贡：上文提到"惟白茶与胜雪自惊蛰前兴役，浃日乃成。飞骑疾驰，不出中春，已至京师，号为头纲。"

[170] 先子：先父，指熊蕃。

[171] 时事：当时的情况。

[172] 漕台：指某某路转运司，转运使的官署。这里是指福建路转运司。

[173] 未备：（这一版的《茶录》）还没有完成。

淳熙九年[174]冬十二月四日，朝散郎行秘书郎兼国史编修官学士院权直[175]熊克谨记。

---

[174] 淳熙九年：公元1182年，淳熙（1174—1189）为宋孝宗年号。

[175] 关于这一段官职称呼：朝散郎，文散官，隋置，元丰三年（1080）以京朝官阶官中行员外郎与起居舍人为朝散郎，秩正七品。行，兼任、兼摄。秘书郎，东汉始置，宋代秘书省下置秘书郎，掌图书收藏及抄写事务。国史编修官，即国史院编修官，宋置国史院，以宰相监修、提举，翰林学士以上为修国史，侍从官为同修国史，余官为编修、检讨。学士院权直，学士院掌内制制诰、赦敕、国书及宫禁所用之文词，他官暂行学士院文书，称为权直。神宗元丰（1078—1085）改制后不设。南宋孝宗乾道九年（1173），复置翰林权直。淳熙五年（1178），改学士院权直。

北苑别录[1]

赵汝砺[2]

[1] 北苑别录：一卷，宋赵汝砺撰。本书成书于熊克增补《宣和北苑贡茶录》之后，以补其在产地、采制、纲次方面的不足。涉及内容甚广，工艺方面尤为详备，茶园养护方面更是他书所未载，是研究宋代北苑贡茶的不可或缺的资料。此书多与《宣和北苑贡茶录》一同收录，有《说郛》本，《茶书全集》本等。汪继壕曾为本书做注，可资参照。本书以涵芬楼《说郛》本为底本，参照其他版本整理而成。原文精注；原注释疑难，述大概；汪继壕注及按语选录于注释中。

[2] 赵汝砺：生卒不详，《宋史·宗室世系表》有记宗室名为赵汝砺，是否作者，尚不能确定。大致确定的是，淳熙十三年（1186），作者赵汝砺任福建转运司主管帐司，撰《北苑别录》。后开禧元年（1205）十月，赵汝砺知建昌军（治今江西南城），大概是同一人。从后记可知，作者写作时是主管北苑贡茶的官员王公的属官。想要补充《宣和北苑贡茶录》未提及的内容，得到王公许可而写作此书。

建安之东三十里，有山曰凤凰[3]，其下直[4]北苑，旁联诸焙。厥土赤壤，厥茶惟上上[5]。太平兴国中，初为御焙[6]，岁模龙凤，以羞贡篚[7]，益表珍异。庆历[8]中，漕台益重其事[9]，品数日增，制度[10]日精。厥[11]今茶自北苑上者，独冠天下，非人间[12]所可得也。方春虫震蛰[13]，千夫雷动[14]，一时之盛，诚为伟观[15]。故建人谓至建安而不诣北苑，与不至者同[16]。仆[17]因摄事[18]，遂得研究其始末。姑摭[19]其大概，条为十余类，曰《北苑别录》云。

---

[3] 凤凰：凤凰山，即今建瓯市东峰镇凤凰山，北苑贡茶核心产地，参见本书《茶录》注释“凤凰山”条。

[4] 直：正当，正面对。

[5] 厥土赤壤，厥茶惟上上：其土是赤壤，其茶是最上等的。宋子安《东溪试茶录·序言》：“厥土赤坟，厥植惟茶。”

[6] 指太平兴国年间御焙始造龙凤团茶之事，参见本书《宣和北苑贡茶录》注释32及相关内容。

[7] 以羞贡篚：以好茶充贡。羞，同馐，珍奇美味，篚，竹筐，指装茶的器具。

［8］庆历：（1041—1048），宋仁宗年号。

［9］漕台益重其事：关于庆历中贡茶之改进，熊蕃《宣和北苑贡茶录》："庆历中，蔡君谟将漕，创造小龙团以进，被旨仍岁贡之。"参见本书《宣和北苑贡茶录》相关注释。漕台，指转运使或转运使的官署，参见本书《宣和北苑贡茶录》注释"漕台"。

［10］制度：式样、规格。

［11］厥：于是。

［12］人间：民间。

［13］春虫震蛰：指惊蛰。春雷乍动，惊醒蛰伏的动物，故称惊蛰。宋徽宗《大观茶论》："茶工作于惊蛰，尤以得天时为急。"

［14］千夫雷动：采茶贵在得时，故需大量茶工同时开采。雷动是说其人众势大，如雷轰鸣。

［15］伟观：壮伟的景象。

［16］到了建安而不到北苑，等于没有来建安。诣，到。

［17］仆：对自己的谦称。

［18］摄事：治（茶）事。作者其时在转运司供职，参与管理贡茶事宜。

［19］摭：zhí，选取，摘取。

御园[20]

九窠十二陇[按]《建安志·茶陇》注云：九窠十二陇即山之凹凸处，凹为窠、凸为陇。[21]

麦窠[按]宋子安《试茶录》作“麦园”，言其土壤沃并宜𪎊麦也。与此作麦窠异[22]。

壤园[23]

龙游窠

小苦竹[24]

---

[20] 御园：这里指出产贡茶的茶园。

[21] 关于九窠十二陇，宋子安《东溪试茶录·北苑》：“自青山曲折而北，岭势属如贯鱼，凡十有二；又隈曲如窠巢者九，其地利为九窠十二垄。”

[22] 麦窠：宋子安《东溪试茶录·北苑》：“又南出壤园、麦园，言其土壤沃宜𪎊麦也。”参见本书《东溪试茶录》注释“壤园、麦园”条。

[23] 壤园：见上一条注释。

[24] 小苦竹：宋子安《东溪试茶录·北苑》：“……鼯鼠窠。其下曰小苦竹园。”参见本书《东溪试茶录》注释：“小苦竹园”条。

苦竹里

鸡薮窠[按]宋子安《试茶录》：“小苦竹园，又西至于大园，绝山尾，疏竹蓊翳，昔多飞雉，故曰鸡薮窠。”[25]

苦竹[26]

苦竹源[27]

鼯鼠窠[按]宋子安《试茶录》：“直西定山之隈，土石回向如窠，然泉流积阴之处多飞鼠，故曰鼯鼠窠。”

教练陇[28]

凤凰山[29]

大小（焨）[30]

---

[25] 此处汪继壕按引《太平御览》引《建安记》：“鸡岩隔涧西与武彝相对，半岩有鸡窠四枚，石峭上，不可登履，时有峰鸡百飞翔，雄者类鹧鸪。”《福建通志》：“崇安县武彝山大小二藏峰，峰临澄潭，其半为鸡窠岩，一名金鸡洞。”不过这二处在武彝山地区，恐和鸡薮窠无关。参见本书《东溪试茶录》注释：“鸡薮窠”。

[26] 苦竹：宋子安《东溪试茶录·北苑》：“焙口达源头五里，地远而益高，以园多苦竹，故名曰苦竹。”

[27] 苦竹源：宋子安《东溪试茶录·北苑》：“……故名曰苦竹。以高远居众山之首，故曰园头。”汪继壕认为苦竹园头即苦竹源。

[28] 教练陇：宋子安《东溪试茶录·北苑》：“又焙南直东，岭极高峻，曰教练垄。”参见本书《东溪试茶录》注释：

“教练垄”。

[29] 宋子安《东溪试茶录·北苑》：“坑又北出凤凰山，其势中跱，如凤之首；两山相向，如凤之翼，因取象焉。”

[30] 宋子安《东溪试茶录·壑源》：“建安郡东望北苑之南山，丛然而秀，高峙数百丈，如郛郭焉，民间所谓捍火山也。”

横坑[31]

猿游陇[按]宋子安《试茶录》：“凤凰山东南至于袁云垄，又南至于张坑，言昔有袁氏、张氏居于此，因名其地焉。”与此作猿游陇异。[32]

张坑[33]

带园[34]

焙东

中历[按]宋子安《试茶录》作“中历坑”[35]。

东际[36]

西际[37]

官平[38]

上下官坑[39]

石碎窠[40]

虎膝窠

楼陇

蕉窠

新园

夫楼基[按]《建安志》作“大楼基”。[41]

阮坑

曾坑[42]

黄际[43]

马鞍山[44]

林园[45]

---

[31] 横坑：此处汪继壕按引《东溪试茶录·北苑》：“教练垄……带北冈势横直，故曰坑。”指《试茶录》中此处即为横坑，原书有脱“横”字，确是的见。参见本书《东溪试茶录》注释“横坑”条。

[32] 参见本书《东溪试茶录》注释“袁云垄”条。

[33] 张坑：宋子安《东溪试茶录·北苑》：“……袁云垄，又南至于张坑，又南最高处曰张坑头。”参见本书《东溪试茶录》注释“张坑”条。

[34] 带园：宋子安《东溪试茶录·北苑》：“焙东之山，萦纡如带，故曰带园。”

[35] 宋子安《东溪试茶录·北苑》：“……带园。其中曰中历坑。”

[36] 东际：宋子安《东溪试茶录·北苑》：“……平园，绝岭之表，曰西际。其东为东际。”参见本书《东溪试茶录》注释“西际、东际”条。

[37] 西际：宋子安《东溪试茶录·北苑》："……平园，绝岭之表，曰西际。"参见本书《东溪试茶录》注释"西际、东际"条。

[38] 官平：宋子安《东溪试茶录·北苑》："出袁云之北平下，故曰平园"，汪继壕按，官平即指此平园。参见本书《东溪试茶录》注释"平园"条。

[39] 上下官坑：宋子安《东溪试茶录·北苑》："……尼园，又北曰官坑上园、下坑园。"参见本书《东溪试茶录》注释"官坑上园、下坑园"条。

[40] 石碎窠：《大观茶论品名·品名》："叶坚之碎石窠。"汪继壕按，即此石碎窠。

[41] 汪继壕按，《说郛》作"天楼基"。

[42] 曾坑：宋子安《东溪试茶录·北苑》："又有苏口焙，与北苑不相属，昔有苏氏居之。其园别为四，其最高处曰曾坑，际上又曰尼园，又北曰官坑上园、下坑园，庆历中始入北苑，岁贡有曾坑上品一斤，丛出于此。曾坑山浅土薄，苗发多紫，复不肥乳，气味殊薄。今岁贡以苦竹园茶充之，而蔡公《茶录》亦不云曾坑者佳。"汪继壕按，引《避暑录话》："北苑茶，正所产为曾坑，谓之正焙，非曾坑为沙溪，谓之外焙。二地相去不远，而茶种悬绝。沙溪色白过于曾坑，但味短而微涩，识茶者一啜，如别泾渭也。"理解的曾坑与东溪试茶录不同。参见本书《东溪试茶录》注释"曾坑"条。

[43] 黄际：宋子安《东溪试茶录·壑源》："道南山而东曰穿

栏焙，又东曰黄际。”参见本书《东溪试茶录》注释“黄际”条。

[44] 马鞍山：宋子安《东溪试茶录·北苑》：“……带园。其中曰中历坑，东又曰马鞍山。”汪继壕引《福建通志》：“建宁府建安县有马鞍山，在郡东北三里许，一名为瑞峰，左为鸡笼山。”认为即此山。马鞍山之名甚多，距离与记载差异较大，恐怕未必如此。

[45] 林园：宋子安《东溪试茶录·北苑》：“……黄淡窠，谓山多黄淡也。绝东为林园。”

和尚园

黄淡窠[46]

吴彦山

罗汉山[47]

水桑窠

师姑园[48]

铜场[49]

灵滋

范马园

高畲

大窠头[50]

小山

[46] 黄淡窠：宋子安《东溪试茶录·北苑》："……马鞍山，又东黄淡窠，谓山多黄淡也。"关于"黄淡"所指，参见本书《东溪试茶录》注释"黄淡"条。

[47] 罗汉山：宋徽宗《大观茶论》："叶五崇林之罗汉山、水叶芽。"

[48] 师姑园：汪继壕按引《说郛》："在铜场下。"师姑指女性的出家人。

[49] 铜场：汪继壕按引《福建通志》："凤皇山在东者曰铜场峰。"

[50] 宋子安《东溪试茶录·壑源》："……壑岭坑头，茶为胜。绝处又东，别为大窠坑头，至大窠为正壑岭，寔为南山。"又《东溪试茶录·壑源》："今出壑源之大窠者六，叶仲元、叶世万、叶世荣、叶勇、叶世积、叶相。"

右四十六所，广袤三十余里。自官平而上为内园，官坑而下为外园[51]。方春灵芽莩坼[52]，常先民焙十余日[53]。如九窠十二陇、龙游窠、小苦竹、长坑、西际，又为禁园[54]之先也。

[51] 此处茶园分内外，仅是就地理位置而言，其性质都是皇家茶园。

[52] 灵芽莩坼：指茶芽萌发。莩，种子外皮，这里指茶芽表皮。坼，裂开。

[53] 关于北苑御焙与民焙开焙时间早晚，宋子安《东溪试茶录》："民间常以惊蛰为候，诸焙后北苑者半月，去远则益晚。"与此相类。

[54] 禁园：指官焙贡茶园，即御园。

开焙[55]

惊蛰节万物始萌，每岁常以前三日开焙[56]。遇闰则反之，以其气候少迟故也[57]。按《建安志》："候当惊蛰，万物始萌，漕司常先三日开焙，令春夫喊山[58]以助和气，遇闰则后二日。"

采茶

采茶之法，须是侵晨[59]，不可见日。侵晨则露未晞[60]，茶芽肥润。见日则为阳气所薄[61]，使芽之膏腴内耗[62]，至受水而不鲜明[63]。故每日常以五更[64]挝[65]鼓，集群夫于凤皇山，山有打鼓亭。监采官人给一牌[66]，入山，至辰刻[67]复鸣锣以聚之[68]，恐其逾时[69]贪多务得[70]也。

[55] 开焙：开始采制茶。

[56] 关于开焙时间，宋子安《东溪试茶录·采茶》："建溪茶比他郡最先，北苑壑源者尤早，岁多暖则先惊蛰十日即芽；岁多寒则后惊蛰五日始发，先芽者气味俱不佳，唯过惊蛰者最为第一。民间常以惊蛰为候。"

熊蕃《宣和北苑贡茶录》："惟白茶与胜雪自惊蛰前兴役，浃日乃成。飞骑疾驰，不出中春，已至京师，号为头纲。"

[57] 遇闰则气候转暖相对于节气来得迟一些。按，现在的二十四节气是根据太阳在黄道轨道位置精确计算的，能较准确地反应一个太阳年中气候的变化。古时推算的节气根据不同历法会有不同的偏差。宋子安《东溪试茶录》："岁多暖则先惊蛰十日即芽；岁多寒则后惊蛰五日始发。"

[58] 喊山：古代茶俗，唐代即有此俗。唐代顾渚山贡焙，每年惊蛰，湖、常两州太守会于此山"境会亭"，致祭于涌金泉，祈求泉水畅涌而清澈。祭毕，鸣金击鼓，随从官吏、役夫及茶农扬声高喊"茶发芽"。宋代贡焙主要在福建建州凤凰山，万众亦齐呼"茶发芽"。梅尧臣《次韵和再拜》诗云："先春喊山掐白萼，亦异鸟嘴蜀客夸。"唐宋人又称噉山，如唐李郢《茶山贡焙歌》："万人争噉春山摧"，又如宋代黄裳诗《茶苑》二首之二："想见春来噉动山，雨前收得几篮还。斧刀不落幽人手，且喜家园禁已闲。"元明贡茶主要产地武夷山四曲御茶园亦有"喊山台"遗迹。

[59] 侵晨：天快亮时，拂晓。

[60] 晞：晒干。

[61] 所薄：所迫。"薄"通"迫"。

[62] 膏腴内耗：内部的精华物质消耗掉。

[63] 受水而不鲜明：点茶时汤色不鲜明。

[64] 五更：旧时把一夜分为五更，即一更、二更、三更、四更、五更，每更击鼓，又称五鼓。这里指第五更，寅正四

刻（凌晨四时四十八分左右）。

[65] 挝：zhuā，敲打。

[66] 监采官人给一牌：监采官给每个采茶的茶夫一个牌子。

[67] 至辰刻：指到了时间。辰刻，时刻。

[68] 关于开采时击鼓，收工时鸣罗，熊蕃《御苑采茶歌十首》其一："伐鼓危亭惊晓梦"，其四"一尉鸣钲三令趣。"

[69] 逾时：超时。

[70] 贪多务得：贪多并务求取得（这样会导致品质下降）。

大抵采茶亦须习熟[71]，募夫[72]之际，必择土著[73]及谙晓[74]之人，非特识茶发早晚所在，而于采摘各知其指要[75]。盖以指而不以甲，则多温而易损；以甲而不以指，则速断而不柔[76]。从旧说也。故采夫欲其习熟，政为是耳[77]。采夫日役二百二十五人。[78]

---

[71] 习熟：熟悉，熟知。

[72] 募夫：招募采茶的茶夫。

[73] 土著：世代居住本地的人。

[74] 谙晓：熟悉通晓（采茶）。

[75] 指要：要点。

[76] 关于这个采茶方法，宋子安《东溪试茶录》："凡断芽

必以甲不以指，以甲则速断不柔，以指则多温易损。”所以注说：“从旧说也。”为何用这种方法参见《东溪试茶录》《大观茶论》相关注释。

[77] 所以采茶的茶夫一定要熟手，就是这个原因。

[78] 关于采夫日役之数，汪继壕引《说郛》作“二百二十二人”。

拣茶[79]

茶有小芽，有中芽，有紫芽[80]，有白合[81]，有乌蒂[82]，此不可不辨。小芽者，其小如鹰爪。初造龙团胜雪、白茶，以其芽先次蒸熟，置水盆中，剔取其精英，仅如针小，谓之水芽[83]，是小芽中之最精者也。中芽，古谓之一枪一旗是也[84]。紫芽，叶之紫者是也。白合，乃小芽有两叶抱而生者是也。乌蒂，茶之蒂头是也。凡茶以水芽为上，小芽次之，中芽又次之，紫芽、白合、乌蒂，皆所在不取[85]。使其择焉而精[86]，茶之色味无不佳。万一杂之以所不取[87]，则首面[88]不均，色浊而味重也。

[79] 拣茶：指对采摘来的茶青进行拣选。

[80] 紫芽：通常指紫色的茶芽，这里指一种需剔除的茶芽。在陆羽《茶经》中，紫色的茶芽是优质的品种，有“紫者

上”之说。这里因为树种、环境、工艺不同，紫芽嫩度无法满足需求，成为需要舍弃的原料。

[81] 白合：茶始萌芽时两片合抱而生的小叶，参见《东溪试茶录》注释“白合”条。

[82] 乌蒂：又称鱼叶，新梢每次生长抽出的第一片或头几片不完全叶。参见《东溪试茶录》注释“乌蒂”条。

[83] 水芽：一种特制的芽之芯，也是最高等级的原料。《宣和北苑贡茶录》：“至于水芽，则旷古未之闻也。宣和庚子岁，漕臣郑公可简。始创为绿线水芽，盖将已拣熟芽再剔去，只取其心一缕，用珍器贮清泉渍之，光明莹洁若银线然。其制方寸新銙，有小龙蜿蜒其上，号龙园胜雪。”参见本书《宣和北苑贡茶录》注释“水芽”条。

[84]《宣和北苑贡茶录》：“次曰拣芽，乃一芽带一叶者，号一枪一旗。次曰中芽，乃一芽带两叶者，号一枪两旗。其带三叶、四叶，皆渐老矣。”与此处不同。关于“枪”“旗”参见本书《宣和北苑贡茶录》注释“一枪一旗”。

[85]《东溪试茶录》：“乌蒂、白合，茶之大病。不去乌蒂，则色黄黑而恶。不去白合则味苦涩。”《大观茶论》：“白合不去，害茶味；乌蒂不去，害茶色。”

[86] 使其择焉而精：假如拣芽的工序做得精到。

[87] 万一杂之以所不取：“（如果）混入一点点不能要的杂质。”

[88] 首面：指茶饼表面。黄儒《品茶要录》：“唯饰首面者，故榨不欲干，以利易售。”

蒸茶

茶芽再四[89]洗涤，取令洁净，然后入甑[90]，候汤沸蒸之。然蒸有过熟之患，有不熟之患。过熟则色黄而味淡，不熟则色青易沉，而有草木之气[91]，唯在得中[92]为当也。

---

[89] 再四：连续多次。

[90] 甑：蒸茶青的器具。唐代加工茶叶即用之。陆羽《茶经·二之具》："甑，或木或瓦，匪腰而泥，篮以箄之，篾以系之。始其蒸也，入乎箄；既其熟也，出乎箄。釜涸，注于甑中。又以榖木枝三桠者制之，散所蒸芽笋并叶，畏流其膏。"宋代蒸青大体类似，但北苑茶是要尽量让膏汁留尽，与唐代"畏流其膏"不同。

[91] 关于蒸青熟与不熟：黄儒《品茶要录·蒸不熟》："蒸有不熟之病，有过熟之病。蒸不熟，则虽精芽，所损已多。试时色青易沉，味为桃仁之气者，不蒸熟之病也。唯正熟者，味甘香。"又《品茶要录·过熟》："试时色黄而粟纹大者，过熟之病也。然虽过熟，愈于不熟，甘香之味胜也。"宋徽宗《大观茶论》："蒸太生，则芽滑，故色清而味烈；过熟，则芽烂，故茶色赤而不胶。"宋子安《东溪试茶录》："蒸芽必熟，去膏必尽。蒸芽未熟则草木气存适口则知。去膏未尽则色浊而味重。"

[92] 得中：合适，正好。

榨茶

茶既熟，谓之“茶黄[93]”。须淋洗数过，欲其冷也[94]。方上小榨以去其水，又入大榨出其膏[95]。水芽则以马榨压之，以其芽嫩故也[96]。先是包以布帛[97]，束以竹皮[98]，然后入大榨压之。至中夜[99]，取出揉匀，复如前入榨[100]，谓之翻榨。彻晓[101]奋击，必至于干净[102]而后已。盖建茶味远力厚，非江茶[103]之比。江茶畏流其膏[104]，建茶惟恐其膏之不尽[105]，膏不尽，则色味重浊矣。

---

[93] 茶黄：指蒸青过后的茶叶原料，简称“黄”。“压黄”“过黄”等词语皆由此而来。

[94] 通过淋水的方式让其冷却降温，然后再进行压榨。如果高温压榨会将茶黄压烂。

[95] 小榨去除表面的水分，大榨榨除内部的汁液。

[96] 关于这句注，汪继壕引《说郛》，“马榨”作“高榨”。芽嫩不宜出膏，故需特殊工具压榨。

[97] 布帛：古代一般以麻、葛之织品为布，丝织品为帛，因以“布帛”统称供裁制衣着用品的材料。

[98] 竹皮：指笋壳，唐白居易《小台》诗：“风飘竹皮落，苔印鹤跡上。”

[99] 中夜：半夜。

[100] 压榨时榨内茶黄各个部分受力不同，压榨程度不同，故需

取出揉匀再行压榨。

[101] 彻晓：彻旦，直到天亮。

[102] 干净：指茶膏流尽。

[103] 江茶：长江流域的茶，与建茶相对。

[104] 陆羽《茶经·二之具》："散所蒸芽笋并叶，畏流其膏。"

[105] 黄儒《品茶要录》："如鸿渐所论'蒸笋并叶，畏流其膏'，盖草茶味短而淡，故常恐去膏；建茶力厚而甘，故惟欲去膏。"关于为何要"惟恐其膏之不尽"，参见《品茶要录》这一部分的解释。

研茶

研茶之具，以柯[106]为杵，以瓦[107]为盆，分团酌水[108]，亦皆有数。上而胜雪、白茶以十六水[109]，下而拣芽之水六，小龙凤四，大龙凤二，其余皆以十二焉。自十二水以上，日研一团[110]。自六水而下，日研三团至七团。每水研之，必至于水干茶熟[111]而后已。水不干，则茶不熟。茶不熟，则首面不匀，煎试易沉[112]。故研夫尤贵于强有手力者也[113]。

[106] 柯：指柯木，壳斗科，乔木，质地坚重，福建等地常用来做家具或农具。

[107] 瓦：指用泥土烧制的器皿。

[108] 分团酌水：分成小团加水。酌，舀，取。

[109] 水：加水研磨至水干，称为“一水”。

[110] 需研十二水以上的，每天只能研磨制作一团。可见用工之费。

[111] 茶熟：研磨充分。

[112] 如果研磨时水分不干，则茶饼各部分含水不同，导致茶饼表面不均匀，同时含水率不均匀，在点茶的时候（含水高的）容易下沉。

[113] 看来研茶是个对手力要求很高的工作。研夫：指研茶的工人。

尝谓天下之理，未有不相须[114]而成者，有北苑之芽，而后有龙井[115]之水。其深不以丈尺[116]，则清而且甘，昼夜酌之而不竭。凡茶自北苑上者皆资焉[117]。亦犹锦之于蜀江，胶之于阿井[118]，讵不信然[119]？

---

[114] 相须：亦作“相需”。互相依存；互相配合。

[115] 龙井：亦称“御泉井”，北苑贡茶用水所在。吴金泉《北苑拾遗》：“背靠黄厝林山，东有龙山（当地俗称东井

岗）岗，西有庙坑山，前为向北敞开的谷地……北距焙前村约五百米，西距‘凿字岩’约一千米。”当地村民仍俗称“龙井”。五十年代被破坏，九十年代进行考古发掘，今存遗址。

[116] 不以丈尺：不能用丈尺测量，这里是指很浅。胡仔《苕溪渔隐丛话》记：“予为闽中漕幕，常被檄于北苑修贡，盖熟知其地矣。造茶堂之后，凤凰山之麓，有一泉，覆以华屋，榜曰御泉，其广三四尺，深五六尺，石甃其底，止留泉眼，特一小井耳。”又汪继壕引柯适《记御茶泉》：“深仅二尺许。”可见深最多不过数尺，所以说是“不以丈尺”。

[117] 皆资焉：都要靠它。指制茶都需要此龙井之水。

[118] 犹如制蜀锦需用蜀江之水，制阿胶需用阿井之水一样。

[119] 讵不信然：岂能不信？

造茶[120]

造茶旧分四局，匠者起好胜之心，彼此相夸，不能无弊，遂并而为二焉[121]。故茶堂[122]有东局、西局之名，茶銙[123]有东作、西作之号。凡茶之初出研盆，荡之欲其匀[124]，揉之欲其腻[125]。然后入圈制銙[126]，随笪过黄[127]。有方銙，有花銙，有大龙，有小龙。品色不同，其名亦异。故随纲[128]系之于贡茶云。

[120] 造茶：这里的造茶指研磨之后的原料进入模具成型。

[121] 这里说原来造茶过去分为四个局，但是工匠们互相争胜，带来一些弊端，所以合并为两局。

[122] 茶堂：造茶的堂口。

[123] 茶銙：这里指茶饼之形制。关于銙字的不同含义和用法，详见本书《品茶要录》注释“銙”。

[124] 荡之欲其匀：摇晃它使它均匀。

[125] 揉之欲其腻：揉搓它使它细腻。

[126] 入圈制銙：放入模具制茶饼。

[127] 随笪过黄：过黄的工序茶放在竹席上进行。黄儒《品茶要录》：“既出卷，上笪焙之。”笪，本义为竹席，这里可能就是指焙篓。参见《大观茶论》《茶具图赞》。

[128] 纲：批量运送货物的组织方式或组织单位。参见本书《宣和北苑贡茶录》注释128。

过黄[129]

茶之过黄，初入烈火焙之，次过沸汤爁[130]之，凡如是者三。而后宿一火[131]，至翌日，遂过烟焙[132]焉。然烟焙之火不欲烈[133]，烈则面炮[134]而色黑；又不欲烟，烟则香尽而味焦[135]。但取其温温而已[136]。凡火数[137]之多寡，皆视其銙之厚薄。銙之厚者，有十火至于十五火。銙之薄者，亦八火至于六火。火数既足，然后过汤上出色[138]。出色之后，当置之密室[139]，急以扇扇之，则色泽自然光莹矣。

[129] 过黄：制茶中焙火与熏蒸的工艺，过黄一法，其他宋代茶书无载或语焉不详，本书记载较为详细。完整的过黄工艺，包括开始时多次的烈火焙火加蒸汽熏蒸，然后是焙火过夜，白天又用微温的烟焙来保持。每次焙火过夜，称为一“宿火”，同时也包含了以上一套完整的流程。不同的茶依据茶质特点、茶饼厚薄要经历不同次数的宿火。这里面火焙与熏蒸的流程是每夜需要重复的，如果夜间单纯只是焙火，经过这么多昼夜茶饼早已不堪用了。文中讲白天烟焙温度要控制得较低，就是防止火大损茶饼，可见夜间焙火必须要配合熏蒸，以及最后一次熏蒸后长时的低火焙火。这同时也说明“过黄”并不是通常所理解的简单的干燥过程，而是经历了茶叶内在变化的一道工序。

[130] 爁：làn，本意为烤，这里指用蒸汽熏。

[131] 宿一火：焙火过夜。从上下文看，这里的火应该不是本段开头的烈火。

[132] 烟焙：与前面的火焙不同，温度较低。这里的“烟”是形容其无明火，并不是冒烟，后面讲到，实际上是不能有烟的。

[133] 这里烟焙的火与夜间的焙火不同，此时茶饼已经较为干燥，所以火温不能过高。夜间焙火的茶饼是经过熏蒸的，可以用较大的火。

[134] 面炮：指因高温而表面爆裂。

[135] 烟味浓重，茶叶吸附之后，会掩盖茶香，只留烟味。

[136] 这里面白天的“烟焙”，主要作用是养，保持其干燥。温温，不冷不热，和人体温相近。蔡襄《茶录·藏茶》：

“故收藏之家以篛叶封裹入焙中，两三日一次，用火常如人体温温，以御湿润，若火多则茶焦不可食。”温温，指的正是藏养之火的温度。

[137] 火数：指经历宿火的次数。见注释“过黄”。

[138] 出色：这里的出色是指呈现表面色泽。这个流程是指已经完成多次宿火的茶饼，过一下热水，使表面微微湿润，内部仍保持干燥。

[139] 密室：所谓密室，不通风之谓也，防止茶饼自然风干。若通风风干则下面的工序就无意义了。

纲次[140]

细色[141]第一纲

龙焙贡新。水芽，十二水，十宿火[142]。正贡[143]三十銙，创添[144]二十銙。[按]《建安志》云：“头纲用社前三日进发，或稍迟，亦不过社后三日。[145]第二纲以后，只候火数足发，多不过十日。[146]粗色虽于五旬内制毕，却候细纲贡绝以次进。[147]发第一纲拜，其余不拜，谓非享上之物也。[148]”

细色第二纲

龙焙试新。水芽，十二水，十宿火。正贡一百銙，创添五十銙。[按]《建安志》云：“数有正贡，有添贡，有续添。正贡之外皆起于郑可简为漕日增[149]。”

[140] 纲次：以下为每一纲的等第品列。

[141] 细色：指制作精细之茶品，参见《宣和北苑贡茶录》“细色”“粗色”。

[142] 在这一段文字中：“龙焙贡新”是贡茶品名，“水芽”是原料等级。“十二水”是指研茶工艺经历十二次加水研干。“十宿火”是指过黄工艺经历十次宿火。参见注释109、129。

[143] 正贡：进贡的正式定额。

[144] 创添：正贡之外增加之数。

[145] 熊蕃《宣和北苑贡茶录》：“惟白茶与胜雪自惊蛰前兴役，浃日乃成。飞骑疾驰，不出中春，已至京师，号为头纲”头纲品类与此不同。时间上来说，春社前后发出，三千里长途，不出中春至京城，算来不过数天时间，是很快的。这里也可以看出“中春”指的是二月，而不是二月十五日，因为有的时候春社已过二月十五日，无论如何不能中春前到京师了。

[146] 制茶最耗时主要在于过黄，动辄十宿火，待火数够了发货。

[147] 粗纲茶虽然五十天内已制好，也要等细纲全部上贡完了再进贡。

[148] 由此则第一纲为皇帝专享，其他贡茶大概不是专享之物。

[149] 关于郑可简，《宣和北苑贡茶录》：“宣和庚子岁，漕臣郑公可简，始创为银线水芽”。参见前《宣和北苑贡茶录》“郑可简”条注释。此处可见“添贡”“续添”皆此公所为，水芽、龙园胜雪也是他发明创制的。如此媚上，无所不用其极，可见宣和北苑之风气。

细色第三纲

龙园胜雪。[按]《建安志》云："龙园胜雪用十六水，十二宿火。白茶用十六水，七宿火。胜雪系惊蛰后采造，茶叶稍壮，故耐火。白茶无培壅[150]之力，茶叶如纸，故火候止七宿，水取其多，则研夫力胜而色白。至火力则但取其适，然后不损真味。[151]"水芽，十六水，十二宿火。正贡三十銙，续添三十銙，创添六十銙。

白茶。水芽，十六水，七宿火，正贡三十銙，续添十五銙，创添八十銙。

御苑玉芽。[按]《建安志》云："自御苑玉芽下，凡十四品，系细色第三纲。其制之也，皆以十二水。唯玉芽、龙芽二色火候止八宿，盖二色茶日数比诸茶差早[152]，不敢多用火力。[153]"小芽[154]，十二水，八宿火。正贡一百片。

---

[150] 培壅：于植物根部堆土以保护其根系，促其生长。施肥培土，泛指养护。

[151] 这一段说胜雪为惊蛰后采制，茶质较厚重，故可用十二宿火。白茶茶质较单薄，七宿火已至其极限，再多就损害真味了。

[152] 差早：略早。

[153] 御苑玉芽、万寿龙芽只用八宿火的原因也是因为采摘早，不胜火力。

[154] 汪继壕此处按引《建安志》，"小芽"作"水芽"。

万寿龙芽。小芽，十二水，八宿火。正贡一百片。

上林第一。[按]《建安志》云：雪英以下六品，火用七宿，则是茶力既强，不必火候太多。[155]自上林第一至启沃承恩凡六品，日子之制[156]同，故量日力以用火力[157]，大抵欲其适当。不论采摘日子之浅深[158]，而水皆十二研[159]，工多则茶色白故耳。小芽，十二水，十宿火。正贡一百銙。

乙夜清供。小芽，十二水，十宿火。正贡一百銙。

承平雅玩。小芽，十二水，十宿火。正贡一百銙。

龙凤英华。小芽，十二水，十宿火。正贡一百銙。

玉除清赏。小芽，十二水，十宿火。正贡一百銙。

启沃承恩。小芽，十二水，十宿火。正贡一百銙。

雪英。小芽，十二水，七宿火。正贡一百片。

云叶。小芽，十二水，七宿火，正贡一百片。

蜀葵。小芽，十二水，七宿火，正贡一百片。

金钱。小芽，十二水，七宿火，正贡一百片。

玉华。小芽，十二水，七宿火，正贡一百片。

寸金。小芽，十二水，九宿火，正贡一百銙。

---

[155] 这里所谓茶力强弱，是指茶的口感与功效而言。宋张耒《柯山集·绝句九首》之六："老去不禁茶力悍，两瓯破尽五更眠。"这里是说，雪英以下的六个品种，虽然茶叶可耐火力，但茶力已足，火力不必过多。

[156] 日子之制：日子：古时记日的方式，日指某日，如初一、

初二，子指那一天的干支。合起来就是指某一天，比如初八日辛酉。日子之制，指采摘时间的要求。

[157] 这句大概是说根据采摘时间点来判断使用火力的大小。前面说了太早的火力不能太多；后来茶叶渐壮实，火力可多一些；再后面因为茶力强，火力也不用太多。这里面说从“上林第一”到“启沃承恩”茶采摘时间要求是一样的，所以火力也一样。

[158] 采摘日子之浅深：犹采摘时间之早晚。

[159] 十二研：十二次研磨工序，即十二水。这里是说上林第一至启沃承恩凡六品和雪英以下六品虽然采摘时间不同（火力不同），但研茶都是十二研。

细色第四纲

龙园胜雪。已见前[160]。正贡一百五十銙。

无比寿芽。小芽，十二水，十五宿火。正贡五十銙，创添五十銙。

万春银叶。小芽，十二水，十宿火，正贡四十片，创添六十片。

宜年宝玉。小芽，十二水，十二宿火。正贡四十片，创添六十片。

玉清庆云。小芽，十二水，九宿火。正贡四十片，创添六十片。

无疆寿龙。小芽，十二水，十五宿火。正贡四十片，创添六十片。

玉叶长春。小芽，十二水，七宿火。正贡一百片。

瑞云翔龙。小芽，十二水，九宿火。正贡一百八片。

长寿玉圭。小芽，十二水，九宿火。正贡二百片。

兴国岩銙。岩属南剑州[161]，顷遭兵火废，今以北苑芽代之。[162]中芽，十二水，十宿火。正贡二百七十銙。

香口焙銙。中芽，十二水，十宿火。正贡五百銙。

上品拣芽。小芽，十二水，十宿火。正贡一百片。

新收拣芽。中芽，十二水，十宿火。正贡六百片。

---

[160] 关于龙园胜雪的原料等级，研磨、过黄等前面（细色第三纲）已有记录。这里不再重复。这也说明同一品类在不同纲次中是可以重复出现的。

[161] 南剑州：北宋太平兴国四年（979）置，治所在剑浦县（今福建南平市）。《寰宇记》卷100南剑州：本剑州，“以西（利州路）有剑州，此故名为南剑州”。意思是说本来四川那边已有剑州，所以福建这个叫“南剑州”。辖境相当于今福建南平、三明、将乐、顺昌、沙县、尤溪、永安、大田等市县地。

[162] 这句是说，此茶原产南剑州，后来因战火破坏废弃，现在由北苑的原料来代替。

细色第五纲

太平嘉瑞。小芽，十二水，九宿火。正贡三百片。

龙苑报春。小芽，十二水，九宿火。正贡六百片，创添六十片。

南山应瑞。小芽，十二水，十五宿火。正贡六十銙，创添六十銙。

兴国岩拣芽。中芽，十二水，十宿火，正贡五百一十片。

兴国岩小龙。中芽，十二水，十五宿火。正贡七百五十片。

兴国岩小凤。中芽，十二水，十五宿火，正贡五十片。

先春二色

太平嘉瑞。已见前。正贡三百片。

长寿玉圭。已见前。正贡二百片。

续入额四色

御苑玉芽。已见前。正贡一百片。

万寿龙芽。已见前。正贡一百片。

无比寿芽。已见前。正贡一百片。

瑞云翔龙。已见前。正贡一百片。

粗色第一纲

正贡

不入脑子[163]上品拣芽小龙。一千二百片。[按]《建安志》云："入脑茶，水须差多，研工胜则香味与茶相入。不入脑茶，水须差省，以其色不必白，但欲火候深，则茶味出耳。[164]"六水，十六宿火。

入脑子小龙。七百片。四水，十五宿火。

增添

不入脑子上品拣芽小龙。一千二百片。

入脑子小龙七百片。

---

[163] 不入脑子：不加龙脑。蔡襄《茶录·香》："茶有真香，而入贡者微以龙脑和膏，欲助其香。"熊蕃《宣和北苑贡茶录》："初贡茶皆入龙脑。至是虑夺真味，始不用焉。"

[164] 这段是说加龙脑和不加龙脑茶的工艺差别。加龙脑的茶，水需要稍多加一点，如果研磨得当充分，香味就和茶味融合得较好。不加龙脑的茶，水相对加的少一点，但过黄的火候一定要到，这样才能发挥茶味。比较此处"不入脑子上品拣芽小龙"和"入脑子小龙"，似乎并不能印证此种说法，未知何故。考虑到等级更高的茶往往不入脑，或许不入脑子的小龙原料更细嫩一些，所以本身研磨加水次数就多一些。

建宁府附发

小龙茶。八百四十片。

粗色第二纲

正贡

不入脑子上品拣芽小龙。六百四十片。

入脑子小龙。六百四十二片。

入脑子小凤。一千三百四十四片。四水，十五宿火。

入脑子大龙。七百二十片，二水，十五宿火。

入脑子大凤。七百二十片，二水，十五宿火。

增添

不入脑子上品拣芽小龙。一千二百片。

入脑子小龙。七百片。

建宁府附发

大龙茶四百片。

大凤茶四百片。

粗色第三纲

正贡

不入脑子上品拣芽小龙。六百四十片。

入脑子小龙。六百七十二片。

入脑子小凤。六百七十二片。

入脑子大龙。一千八片。

入脑子大凤。一千八片。

增添

不入脑子上品拣芽小龙。一千二百片。

入脑子小龙。七百片。

建宁府附发

大龙茶。四百片。

大凤茶。四百片。

粗色第四纲

正贡

不入脑子上品拣芽小龙。六百片。

入脑子小龙。三百三十六片。

入脑子小凤。三百三十六片。

入脑子大龙。一千二百四十片。

入脑子大凤。一千二百四十片。

建宁府附发

大龙茶。四百片。

大凤茶。四百片。

粗色第五纲

正贡

入脑子大龙。一千三百六十八片。

入脑子大凤。一千三百六十八片。

京铤改造大龙。一千六百片。

建宁府附发

大龙茶。八百片。

大凤茶。八百片。

粗色第六纲

正贡

入脑子大龙。一千三百六十片。

入脑子大凤。一千三百六十片。

京铤改造大龙。一千六百片。

建宁府附发

大龙茶。八百片。

大凤茶。八百片。

京铤改造大龙。一千三百片。

粗色第七纲

正贡

入脑子大龙。一千二百四十片。

入脑子大凤。一千二百四十片。

京铤改造大龙。二千三百五十二片。

建宁府附发

大龙茶。二百四十片。

大凤茶。二百四十片。

京铤改造大龙。四百八十片。

细色五纲[按]《建安志》云："细色五纲凡四十三品，形式各异。其间贡新、试新、龙园胜雪、白茶、御苑玉芽，此五品中水拣第一，生拣次之[165]。"贡新为最上[166]，开焙后十日入贡[167]。龙园胜雪为最精，而建人有"直[168]四万钱"之语[169]。夫茶之入贡，圈以箬叶[170]，内以黄斗，盛以花箱，护以重篚，扃以银钥[171]。花箱内外又有黄罗幕之[172]。实谓什袭[173]之珍矣。[174]

---

[165] 指这五品贡茶中，拣选水芽者为上，其他次之。依上文记录，只有御苑玉芽为小芽，其他皆为水芽。

[166] 贡新为最上：前文"龙焙贡新。"按语有"发第一纲拜，其余不拜，谓非享上之物也。"贡新为皇帝专享，和其上贡最早有关。

[167] 上文"龙焙贡新。水芽，十二水，十宿火。"经十宿火，故称十日后入贡。

[168] 直：值。

[169] 关于龙园胜雪之价值，宋曾几有诗《逮子得龙团胜雪茶两胯以归予其直万钱云》。

[170] 箬叶：大的竹叶，又或指笋壳。《说文》："箬，楚谓竹皮曰箬。"竹皮即笋壳。不止贡茶，平时藏茶亦多用箬

叶，亦作“篛叶”。蔡襄《茶录》：“收藏之家以篛叶封裹入焙中。”参见本书《茶录·藏茶》注释“蒻叶”条。

[171] 关于此处提到的包装：黄斗，所指不详，斗通常是指斗形的器皿，从上下文来看，这里有可能是一种织物，或者即是周密《武林旧事》里面说的“黄罗软盝”（见下面注释174）。花箱应为木制上漆。重篚，盖指两层的竹筐。扃，从外面关门的门闩；钥，竖直插入横的门闩将其锁住的东西，扃以银钥，指从外面锁住箱子。

[172] 黄罗幕之：以黄罗覆盖其上。

[173] 什袭：什，十。什袭，重重包裹，谓郑重珍藏。

[174] 关于贡茶包装，汪继壕此处按语引宋周密《乾淳岁时记》：“北苑试新，方寸小銙，进御只百銙，护以黄罗软盝，藉以青箬，裹以黄罗夹复，臣封朱印，外用朱漆小匣镀金锁。又以细竹丝、织笈贮之，凡数重。此乃雀舌水芽所造，一銙值四十万。”类似又见周密《武林旧事·进茶》。盝，lù，古代的小型装具，常多重套装。这里所谓“黄罗软盝”，似乎应该是织物，而不是通常的木制漆器。

粗色七纲[按]《建安志》云：“粗色七纲凡五品，大小龙凤并拣芽，悉入脑和膏为团，共四万饼，即雨前茶。闽中地暖，谷雨前茶已老而味重。[175]”拣芽以四十饼为角[176]，小龙凤以二十饼为角，大龙凤以八饼为角。圈以箬叶，束以红缕，包以红楮[177]，缄以蒨绫[178]。惟拣芽

俱以黄焉[179]。

[175] 这里按语引《建安志》提到粗色七纲皆为入脑，与上文记录不符。又粗色七纲为雨前茶，因为当时福建地区较为温暖，谷雨之前茶已老而味重。言外之意，谷雨之后不可用。

[176] 角：物品的包装，亦指包装的单位。《大观茶论·藏焙》："然后列茶于其中，尽展角焙之，未可蒙蔽。"指的是打开这个包装。参见本书《大观茶论》注释"展角"。这里是拣芽以四十饼打一个包装。

[177] 红楮：红纸。楮，chǔ，纸的代称。

[178] 蒨绫：绛色的绫。宋代常以"绛囊"装茶。宋苏颂《次韵孔学士密云龙茶》："北焙新成圆月样，内廷初启绛囊封。"

[179] 只有拣芽是都用黄色的。（前面大小龙凤都用红色包装。）

开畬[180]

草木至夏益盛，故欲导生长之气，以渗雨露之泽[181]。每岁六月兴工[182]，虚其本[183]，培其土[184]，滋蔓之草，遏郁之木，悉用除之[185]，正所以导生长之气，而渗雨露之泽也[186]。此谓之开畬。[按]《建安志》云：“开畬，茶园恶草，每遇夏日最烈时，用众锄治，杀去草根，以粪茶根[187]，名曰开畬。若私家开畬，即夏半、初秋各用工一次，故私园最茂，但地不及焙之胜耳。[188]”唯桐木[189]得留焉。桐木之性与茶相宜，而又茶至冬则畏寒，桐木望秋而先落；茶至夏而畏日，桐木至春而渐茂，理亦然也。[190]

---

[180] 开畬：这里泛指翻地除草等农艺，属于茶园的养护。

[181] 古人认为植物生长有其内在动力，需要疏导发挥而不能抑制。类似人体“春生夏长，秋收冬藏”之义。

[182] 兴工：指进行开畬的系列工作。

[183] 虚其本：本，指茶树的根。虚其本，概指松土、翻土，也是现在茶园常用的养护方式。

[184] 培其土：指在茶树根部垒土。

[185] 生长蔓延的杂草，遮蔽压抑的树木，都要去除掉。

[186] 去除杂草树木，可以让茶树充分生长，松土则利于雨水下渗，防止土地板结。也就是作者所说的导气滲雨。

[187] 除草需除根防止再次生长，除后的草可以作为肥料来滋养茶根。

[188] 如果是私人的茶园，每年夏半、初秋各进行一次，所以茶树更茂盛，但是茶地还是不如官家茶园好。（上面讲官焙是夏日最烈时开畬一次。）这里面提出一个问题，养护充分，肥料充足，虽然可以提高产量，但对于品质来说，却

未必是最佳的方式。

[189] 桐木：指玄参科植物泡桐。

[190] 一方面桐木的品性与茶相宜。另一方面茶树冬天畏寒，桐木秋天落叶较早，可以为茶树根部保暖；茶树夏天怕日照过于强烈，桐木春天就逐渐茂盛，可以遮阴。

外焙[191]

石门、乳吉[192]、香口，右三焙常后北苑五七日兴工[193]。每日采茶、蒸、榨，以过黄悉送北苑并造[194]。

[191] 外焙：相较于正焙而言，是正焙外围周边的焙场。参见本书《大观茶论》注释“外焙”。

[192] 《东溪试茶录》中提到“乳橘内焙二，乳橘外焙三”汪继壕认为这里的“乳吉”可能是搞错了，应该是“乳橘”。

[193] 这几个外焙通常在北苑开焙之后五到七天再开始采制。

[194] 此处可有数种断句，可断“每日采茶，蒸、榨以过黄悉送北苑并造。”指除了采茶，其他加工都在北苑进行，语法说得通。但既然说此三处“焙”兴工，应该不止采茶，总要有所加工。也可断为“每日采茶，蒸、榨以过黄，悉送北苑并造。”指前面这些工序都在当地进行，过黄后送北苑加工，也不太能说得通，但过黄之前已经入模定型了，

过黄后再送北苑并造就失去意义了。这里采用文中断句，指采茶、蒸、榨在当地进行，过黄在北苑进行。过黄对工艺要求甚高，且过黄之前需入模，故统一在北苑进行，较为合理。

关于这些外焙的性质，根据上下文，这些虽为外焙，但同在北苑造茶，则所用应该是北苑模具。宋子安《东溪试茶录》："我宋建隆已来，环北苑近焙，岁取上供，外焙俱还民间而裁税之。"则外焙似应属民焙。从《大观茶论》来看，外焙时常有冒充内焙现象。这里则直接收取外焙原料，究竟是这些外焙后来已成官焙，还是当时官焙也收民焙之原料，还未可知。当然这里只提到三个外焙，也可能这三个外焙是特例，以补充贡茶之用。

舍人熊公[195]博古洽闻[196]，尝于经史之暇，缉其先君[197]所著《北苑贡茶录》，锓诸木以垂后[198]。漕使侍讲[199]王公得其书而悦[200]之，将命摹勒[201]以广其传。汝砺白之公曰："是书纪贡事之源委[202]，与制作之更沿[203]，固要且备[204]矣。惟水数有赢缩[205]，火候有淹亟[206]，纲次有后先，品色有多寡，亦不可以或阙[207]。"公曰："然。"遂摭书肆所刊修贡录曰几水、曰火几宿、曰某纲、曰某品若干云者条列之[208]。又以其所采择制造诸说，并丽[209]于编末，目[210]曰《北苑别录》。俾开卷之顷[211]，尽知其详，亦不为无补[212]。

[195] 舍人熊公：指熊克。舍人，官名。熊克曾任起居郎兼直学士，宋时起居郎与起居舍人在御殿时分列左右，共同负责记录皇帝言行，历史上此二种称呼可互通，故这里称其为“舍人”。参见《宣和北苑贡茶录》注释“熊克”。

[196] 博古洽闻：见识广博，通晓古代。

[197] 先君：先父，指熊克的父亲熊蕃。

[198] 锓诸木以垂后：刻板印刷流传后世。锓，雕刻。锓诸木，刻之于木，刻板。

[199] 漕使侍讲：漕使，转运使，这里指的是福建路转运使。侍讲，官名。侍从皇帝、皇太子讲授经义。这两个都是王公的官名。

[200] 悦：喜欢。

[201] 摹勒：依样描字刻石。

[202] 源委：事情的本末和底细。

[203] 更沿：更替沿革。

[204] 要且备：重要且完备。

[205] 赢缩：多与少。赢，增加；缩，减少。

[206] 淹亟：急缓。淹，淹滞；亟，急切。

[207] 不可以或阙：不可或缺，一样也不能缺少。或，稍微；阙，缺失。

[208] 从这里一方面可以看出，贡茶的完整工艺记录转运使司内并没有保存下来。另外可见宋代出版之发达，书肆可见各种版本的《贡茶录》。

[209] 丽：附在。

[210] 目：标题，指取书名。

[211] 俾开卷之顷：以期打开此书之时。

[212] 亦不为无补：也不是没有助益吧。

淳熙丙午孟夏望日[213]，门生[214]从政郎[215]福建路转运司主管帐司[216]赵汝砺敬书。

[213] 淳熙丙午孟夏望日：1186年四月十五日。淳熙丙午，淳熙十三年（1186）。孟夏，夏季的第一个月，即农历四月。望日，十五日。

[214] 门生：学生。赵汝砺是转运使“王公”的属官，故自称门生。

[215] 从政郎：文散官名。宋政和六年（1116）改通仕郎为从政郎，秩从八品。

[216] 主管帐司：宋代转运使司设置，掌管帐籍。是赵汝砺当时的官职。

茶具图赞[1]

审安老人[2]

[1] 茶具图赞：现存最早茶具类专著，作者将十二种点茶器具冠以名号，配以官职，从而关联介绍其功能用法。陆羽《茶经》中，以制茶之器具为“茶具”，烹煮品饮之器具称为“茶器”。后代多有混用。此文即以“茶具”来称呼点茶器具。宋代官职文化发达，以官职来戏称茶具者不乏先例，但如此全面形象，唯有此书。据书中题记：“咸淳己巳五月夏至后五日审安老人书”，此书应作于南宋咸淳五年（己巳，1269年）。此书版本甚多，有《欣赏编》本，汪士贤《山

居杂志》本（附陆羽茶经后），孙大绶刊本（附陆羽茶经后），《茶书全集》本，《百名家书》本等。

[2] 审安老人：生平不详，宋末时人。有说为元初董真卿，真卿虽斋号审安，亦为宋遗民。但考其活动年代，较咸淳为晚，似不可能于咸淳年间写此书，还自称“老人”。又宋末元初有隐逸刘敏中，亦斋号“审安”，考其生平，有可能于咸淳年间写作此书，终无确据。

韦鸿胪[3] 文鼎[4] 景旸[5] 四窗闲叟[6]

木待制[7] 利济[8] 忘机[9] 隔竹居人[10]

[3] 韦鸿胪：指焙茶的竹器，蔡襄《茶录》称“茶焙”，黄儒《品茶要录》称“笪”。宋徽宗《大观茶论》称“焙篓”。今日有些地方乌龙茶的传统工艺中焙茶的茶笼与此类似。

“鸿胪”是官署名，亦是官署长官名。汉武帝太初元年（前104）改大行令为大鸿胪，九卿之一，掌邦国礼仪。后历代职能大体类似。在宋代为鸿胪寺简称。宋前期鸿胪寺职分散于往来国信所、礼宾院、都亭、怀远驿等机构。元丰正名，凡宾客之接待、国葬及佛、道教之政事，统隶于鸿胪寺。南宋时罢归于礼部。

这里称鸿胪主要是与“烘炉”或“烘笼”谐音，与其职能并无直接关联。

韦，以韦姓代“苇”，取以蒲草编织义。茶焙主体为竹制，只是烘焙时可能会垫以蒻叶。又“韦”通“围”，取其围拢之义。又“韦”本义为皮绳，竹简以韦相连，取其编联之义，如“韦编三绝”。

[4] 文鼎：文，取其温和之义。茶焙虽下置炉，但火不可急，需用文火。焙茶之用火，参见《品茶要录》《大观茶论》《北苑别录》等书。鼎，取其形制类似，下面有火，上面置物。

[5] 景旸：景，本义为日光；旸，义为日出。取其阳气生发之义。文鼎、景旸这些本都是古时取名、字时常用的，下面不一一列举。

[6] 四窗闲叟：四窗，犹言四面通透。焙为竹子编制，四面透气。唐卢照邻《中和乐九章·歌明堂第二》："四窗八达，五室九房。"又四窗有格子窗之义，代指茶焙网格形状；闲叟，茶焙与其他器具不同，置于炉上就不用动了，故而可称"闲"。

[7] 木待制：指用来椎碎茶饼的茶槌、茶臼。蔡襄《茶录·砧椎》："砧椎，盖以碎茶；砧以木为之；椎或金或铁，取于便用。"这里以"木"命名，可能是考虑如何分配材质给这么多不同的器具，故选取一种代表性的材质。如上文茶焙，本可以竹命名，但需考虑茶筅，故以韦命名。臼可以石制，亦可木制。秦观《茶臼》诗："幽人耽茗饮，刳木事捣撞。巧制合臼形，雅音侔柷椌。"即是木茶臼。

待制，唐高宗永徽年间，命弘文馆学士一人日待制于武德殿西门，以备顾问之用；唐代宗永泰时勋臣罢制无职事者都待制于集贤门。以后成为定制，以文官六品以上更直待制，备顾问。宋朝各殿阁皆设待制官，位在直学士下。这里待制，主要取其字面等待制备，把茶饼椎碎后等待接下来的程序。又有人以为谐音"待炙"，等待接下来烘烤，不过炙茶在宋点茶中并非必须程序，多以藏焙代之。若炙茶，也是茶以饼炙，不太可能椎碎再炙，故此解欠合理。

[8] 利济：救度、施恩。椎碎茶饼以利碾磨。

[9] 忘机：茶臼中空，故称“忘机”，中无机巧，无机心之义。

[10] 隔竹居人：典故出唐柳宗元《夏昼偶作》：“南州溽暑醉如酒，隐几熟眠开北牖。日午独觉无馀声，山童隔竹敲茶臼。”后多以隔竹敲臼之声形容茶事之雅。如宋吴泳《游大玲珑小玲珑》：“说真辩假无时了，山童隔竹敲茶臼。”宋林希逸《隔竹敲茶臼》：“忽闻茶臼响，正隔竹窗敲。”居人：居住在家里的人；居民。

金法曹[11]研古[12]、轹古[13]、元锴[14]、仲铿[15]、雍之旧民[16]、和琴先生[17]

石转运[18]凿齿[19]遄行[20]香屋隐君[21]

---

[11] 金法曹：指茶碾。宋茶碾为金属制，蔡襄《茶录·茶碾》：“茶碾以银或铁为之。”《大观茶论·罗碾》：“碾以银为上，熟铁次之，”故称“金法曹”。法曹汉代为掌管邮递事物的官署，唐宋为地方掌管司法事物官署，其长官亦可称法曹。茶碾顺轨道来回运转，表其法度规则；又“曹”，“槽”同音，所以这里用法曹来代茶碾。其他茶具名字号皆为一套，唯金法曹有两套，是否另有原因，不详。有说为

对应碾轮、碾槽，似不可强分。

[12] 研古：研，细磨，去碾碎之义。这里的“古”主要是取其像声，如宋元时俗语“古鲁鲁”“古剌剌”等，这里指碾轮滚过的声音。研古又有专研古物之义。

[13] 轹古：轹，音lì，车轮碾压之义。这里指碾轮碾压。除了古取其像声之外，轹古本身有超越古人之义。南朝梁刘勰《文心雕龙·辨骚》：“故能气往轹古，辞来切今，惊采绝艳，难与并能矣。”

[14] 元锴：元，本义为头，和下文的“仲”相对；锴，指好铁、精铁。

[15] 仲铿：仲为中间。铿，金属撞击之声，指碾轮与碾槽碰撞之声。

[16] 雍之旧民：雍，本义为水被壅塞而成的池沼，这里代指放在茶放在茶碾中。若作地名，雍可为西周封地，可为古九州之一，其旧民与此处茶碾无关。

[17] 和琴先生：碾茶之声铿锵有节奏，如和鸣琴瑟，故称和琴先生。和琴除了声音节奏的意义，还用来表达关系之和谐，晋潘岳《夏侯常侍诔》：“子之友悌，和如琴瑟。”成语有“琴瑟和鸣”。

[18] 石转运：指石制茶磨，宋代对茶粉要求很细，茶碾效率较低且不易达到要求，故常需茶磨研磨。台北故宫藏宋刘松年《撵茶图》中对石茶磨有细致描绘，在宋代与茶相关的绘画中，石茶磨也经常出现。苏轼《次韵黄夷仲茶磨》：“前人初用茗饮时，煮之无问叶与骨。浸穷厥味臼始用，复计其初碾方

出。计尽功极至于磨，信哉智者能创物。”从此可以看出在臼、碾、磨三种器物中，茶磨出现更晚一些，效率也更高。

转运，指转运使，本来是唐、宋时期主管全国米粮、钱币和物资的转运的重要官员。宋代设专职的都转运使，负责掌管一路或数路财赋与军需粮饷，并有督察地方官吏的权力，职权范围扩大，兼理边防、治安、钱粮及巡察等事，成为府州以上的行政长官，即逐渐由经济专业官员变为高级地方行政长官。像茶书常提到的丁谓、蔡襄，都曾经任福建路转运使，也是建州贡茶的领导。这里以转运之名代石磨之转动研磨，颇为形象。

[19] 凿齿：上古传说中的野人或怪兽，《淮南子·本经训》："逮至尧之时，……猰貐、凿齿、九婴、大风、封豨、修蛇皆为民害。尧乃使羿诛凿齿于畴华之野。"东汉高诱注："凿齿，兽名，齿长三尺，其状如凿，下彻颔下，而持戈盾。"《山海经·海外南经》："羿与凿齿战于寿华之野，羿射杀之。"晋郭璞注："凿齿亦人也，齿如凿，长五六尺，因以名云。"另外也指少数民族敲掉牙齿的习俗。这里凿齿指的是石磨上下接触面所凿出的磨齿。凿齿之名看似古怪，不像前面那些名字那样易解，其实也见于人名，比如东晋之大名士习凿齿。

[20] 遄行：指快速行进，亦指往返之行。这里指研磨时手持手柄快速往复的动作。

[21] 香屋隐君：研磨时茶香四溢，而茶粉研磨在于上下磨盘之间，从表面看不到，所以称“香屋隐君”。隐君，指隐士。

胡员外[22]惟一[23]宗许[24]贮月仙翁[25]
罗枢密[26]若药[27]传师[28]思隐寮长[29]

---

[22] 胡员外：指舀水的茶勺、茶瓢。茶瓢早已有之，陆羽《茶经·四之器》："瓢，一曰牺、杓，剖瓠为之，或刊木为之。晋舍人杜毓《荈赋》云：'酌之以匏'。匏，瓢也，口阔，胫薄，柄短。"胡，指为葫芦所制，与《茶经》中的"瓠""匏"是一类东西。员外、员外郎，指正官以外的官员。东晋南北朝时始有员外郎，唐中宗时始在正官之外置员外之官。这类官大多是花钱捐买的，或者被贬所致，待遇职权与正官不能相比。因为花钱能买，所以旧小说称有钱有势的人叫某"员外"。这里以员外谐音，指茶瓢外形圆滚。

[23] 惟一：典出《论语·雍也》："子曰：'贤哉，回也！一箪食，一瓢饮，在陋巷，人不堪其忧，回也不改其乐。贤哉，回也！'"卢纶《同柳待郎题侯钊侍郎新昌里》："三迳春自足，一瓢欢有余。"宋王安石《雨中》诗："牢劳柴刹晚，生涯付一瓢。""一瓢"指物质生活简单，但人很快乐。

[24] 宗许：指许由挂瓢的典故。东汉蔡邕《琴操》："许由者，古之贞固之士也。尧时为布衣，夏则巢居，冬则穴处，饥则仍山而食，渴则仍河而饮。无杯器，常以手捧水而饮之。人见其无器，以一瓢遗之。由操饮毕以瓢挂树。风吹树动，历历有声。由以为烦扰，遂取损之。"后以"挂瓢"形容隐士

清高，弃绝俗事烦累。唐钱起《谒许由庙》：“松上挂瓢枝几变，石间洗耳水空流。”宋王安石《结屋山涧曲》：“结屋山涧曲，挂瓢秋树颠。”

[25] 贮月仙翁：典出苏轼《汲江煎茶》：“大瓢贮月归春瓮，小杓分江入夜瓶。”后以贮月形容舀水的大瓢。宋孙觌《惠栎吉水轩二首》其二：“挽河半天落，贮月一瓢分。”仙翁，指年高有德男性仙人。又苏轼亦常被后人称坡仙、仙翁，如周密《齐天乐·清溪数点芙蓉雨》：“此生此夜此景，自仙翁去后，清致谁识。”则贮月仙翁亦可解为“仙翁贮月”。

[26] 罗枢密：指筛茶粉的茶罗。枢密，唐代始置枢密院，代宗时典领机密的宦官称枢密使。宋代枢密院为最高军事机关，掌军国机务、兵防、边备、军马等政令，出纳机密命令。与中书分掌文武二柄，合称“二府”。其长官常以文臣充任，统辖三衔，以文制武。除了枢密院的最高长官枢密使可称“枢密”，枢密院其他官员也可称“枢密”。《容斋三笔》卷四《枢密称呼》：“枢密使……副使、知院事、同知院事、签书、同签书……虽名秩有高下，然均称为‘枢密’。”这里所谓枢密，取谐音“疏密”或“细密”，指茶罗绢面网孔。或枢密相切，取“筛”字之音。

[27] 若药：未详所指，或指筛茶粉和筛药粉类似。或出《尚书·说命》“若药弗瞑眩，厥疾弗瘳”，原文意思是如果不下猛药让人头目眩晕，病就不会好，此处指筛茶令人目眩。若药瞑眩虽为常用语，如宋李弥逊《六月四日饭石门

风雷大作而雨不成滴戏以诗趣之》：“寄言行空龙，若药须瞑眩。”但以此关联，似颇有牵强。

[28] 传师：指得师承。筛字以师取音；又师能选才，筛能选物，亦表择取之义。

[29] 思隐寮长：思隐，想要隐去。指茶于罗筛表面渐渐筛下隐去。寮可通“僚”，寮长即百僚之长，官员之首。唐岑参《左仆射相国冀公东斋幽居》：“丞相百僚长，两朝居此官。”宋高斯得《感怀》：“太师百僚长，历代皆有之。”这种解释用在这里不合适。或寮作小屋解，寮长为室主人之义。此解可说得通。

宗从事[30]子弗[31]不遗[32]扫云溪友[33]

漆雕秘阁[34]承之[35]易持[36]古台老人[37]

---

[30] 宗从事：指茶帚。宗，指代其材质为“棕丝”。从事，官名。汉三公及州郡长官的佐吏称从事、或从事史，如别驾、治中、主簿、功曹等。宋以后废。“事”谐音“拭”，指茶帚“扫”的功能。又从事有辅助的意义，指茶帚为辅助的器具。

[31] 子弗：以“弗”指“拂”，拂拭之义。又“子弗”为“拂子”之倒置也，拂子即拂尘，古代用以掸拭尘埃之具，与

茶帚同类。又欲比附孔门弟子之洒扫应对，故称子某。

[32] 不遗：茶帚扫茶粉无有遗漏，喻片善不遗之义。

[33] 扫云溪友：扫云指扫茶粉，宋代市语，云腴即茶。《绮谈市语·饮食门》："茶：云腴；仙茗。"以茶称云腴始自唐代，如唐皮日休《奉和鲁望四明山九题其八青棂子》："味似云腴美，形如玉脑圆。"在宋代则成为普遍的称呼。宋黄儒《品茶要录·序》："借使陆羽复起，阅其金饼，味其云腴，当爽然自失矣。"尤指茶粉的状态，如宋毛滂《蝶恋花其八送茶》："素手转罗酥作颗，鹅溪雪绢云腴堕。"溪友，居住在溪谷的朋友，唐杜甫《解闷十二首》："山禽引子哺红果，溪友得钱留白鱼。"

[34] 漆雕秘阁：指盏托，用以承载和稳定茶盏。漆雕一方面指盏托材质常用的漆雕工艺。同时漆雕也是一个复姓，《论语·公冶长》："子使漆雕开仕。对曰：'吾斯之未能信。'子说。"秘阁：古代宫廷中收藏重要图书典籍的处所。从汉至唐均设有秘阁，由秘书监掌管。故唐秘书省亦称秘阁。宋置三馆秘阁为崇文院，设直秘阁为馆职官。及至元丰新制，崇文院改为秘书省，直秘阁为贴职，许职事官带。以秘阁称盏托，盖以"阁"通"搁"，取搁物之义。秘阁一词还用来指写字用的臂搁，正是取此义，见明屠隆《考槃馀事·文房器具笺·秘阁》。

[35] 承之：承之为古时常用名，这里指承接茶盏之义。李匡义《资暇录》："茶托子始建中蜀相崔宁之女，以茶杯无

衬，病其熨手，取碟子承之。”这段话也提到了茶托的来源：“既啜，杯倾，乃以蜡环碟中央，其杯遂定，即命工以漆环代蜡。宁善之，为制名，遂行于世。其后传者，更环其底，以为百状焉。”

[36] 易持：容易拿，典或出《老子》：“其安易持，其未兆易谋；其脆易泮，其微易散。”“其安易持”说的是安定就容易把持，这里指代盏托的作用：稳定茶盏，更容易手持。

[37] 古台老人：古台，一般指古代的高台，高而平的地方。如唐刘长卿《秋日登吴公台上寺远眺寺即陈将吴明彻战场》：“古台摇落后，秋日望乡心。野寺人来少，云峰水隔深。”这里指盏托，形容其托起而平坦。“老人”亦为古人常见自号。

陶宝文[38]去越[39]自厚[40]兔园上客[41]

汤提点[42]发新[43]一鸣[44]温谷遗老[45]

---

[38] 陶宝文：指茶盏。陶指茶盏材质多用陶瓷。宝文，宋代宝文阁省称。英宗朝所建，藏仁宗及英宗御书、文集等图籍。以宝文阁命名之诸职名，自学士、直学士、待制至直阁，均可省称“宝文”。这里称“宝文”取其以纹为宝之义，茶盏尤其是斗茶喜用的建盏特别注重表面的纹路。如

鹧鸪、兔毫等。又上文盏托为秘阁，则茶盏为宝文，二者皆为藏书籍字画之地，置一处亦相合。

[39] 去越：本指范蠡退隐时离开越国泛舟漂流，称“去越蠡舸”。这里除了其雅意，或指点茶茶盏弃用越窑的而选择建窑的。

[40] 自厚：自厚古时有二义，一谓重于自责，出《论语·卫灵公》：“躬自厚而薄责于人，则远怨矣。”二为自重，多见于书信中，宋张载《与赵大观书》：“末由前拜，恭惟尊所闻，力所逮，淑爱自厚，以需大者之来，不胜切切。”建盏一方面由于土质原因，一方面点茶保温的需要，制作的都比较厚。蔡襄《茶录·茶盏》：“其坯微厚，熁之久热难冷，最为要用。”

[41] 兔园上客：兔园，汉梁孝王之东苑，亦称梁园。梁孝王常在此延客宴游。后遂用以喻称贵人宴宾之地。《史记》卷五八《梁孝王世家》：“于是孝王筑东苑，余里，广睢阳城七十里，大治宫室，为复道，自宫连属于平台三十余里。……招延四方豪杰，自山以东游说之士，莫不毕至。”唐张守节《史记正义》引《括地志》：“兔园在宋州宋县城东南十里。”宋人多用此典。如黄庭坚《千秋岁》：“人已去，词空在。兔园高宴悄，虎观英游改。”这里用兔园主要是指代建盏名品兔毫。蔡襄《茶录·茶盏》：“建安所造者绀黑，纹如兔毫……”

[42] 汤提点：指汤瓶，煮水注汤的水壶。官名。寓有提举、检点之意。宋代于诸路置提点刑狱公事、提点开封府界诸县

镇公事，掌司法、刑狱及河渠等事；又设照管宫观的提点宫观，与提举宫观同为祠禄官。这里主要是取其“提起、点茶”之义。

[43] 发新：犹言煮水。水贵鲜活，瓶中煮沸，可言发新。

[44] 一鸣：通常取一鸣惊人之义，指突然有惊人的表现。这里指候汤时靠声音分辨水温（煮沸的程度）。宋代汤瓶腹大口小而不透明，候汤靠经验，听其声音是主要方法之一。宋罗大经《鹤林玉露》载其友李南金语：“《茶经》以鱼目、涌泉连珠为煮水之节，然近世瀹茶，鲜以鼎镬，用瓶煮水之节，难以候视，则当以声辨一沸、二沸、三沸之节。”并且该书还讨论了点茶效果，煮沸程度和声音之间的关系，通过两首诗列出作者和李南金的观点，见《鹤林玉露》丙编卷三。

[45] 温谷遗老：温谷，一指冬日和暖的山谷。出《穆天子传》一：“天子西济于河口，爰有温谷乐都。”也可指温泉。《文选》十晋潘岳《西征赋》：“南有玄灞素浐，汤井温谷。”李善注：“温谷，即温泉也。也多有地名称温谷，其一在今河南卢氏县南。《资治通鉴》：南朝宋元嘉二十七年（450）北伐，雍州将：“柳元景自百丈崖从诸军于卢氏。”胡三省注：“百丈崖，在温谷南。”这里当然指的是瓶中水热，如温泉。此种用法为宋时常用，如宋司马光《华清宫》：“荒林上路废，温谷旧流微。”

竺副帅[46]善调[47]希点[48]雪涛公子[49]

司职方[50]成式[51]如素[52]洁斋居士[53]

---

[46] 竺副帅：指茶筅，点茶时用来击拂茶汤。竺之本义即“竹”，又竺可为姓，又指天竺时亦可作为地名置于名字之前。副帅，唐代为节度副使别称，宋代为副都统制别称，亦可泛称主帅之副手。前面没有明确主将为何，“副”之称，盖取谐音“拂”，指击拂茶汤。

[47] 善调：指善于搅拌击拂茶汤。亦可指善于调配使茶汤和谐。

[48] 希点：希，希求、谋取；点，点茶。希点亦为宋时常用名字。

[49] 雪涛公子：雪涛指点茶时泛起的白色沫饽。宋范仲淹《和章岷从事斗茶歌》：“黄金碾畔绿尘飞，紫玉瓯心雪涛起。”又如讲茶筅的宋韩驹《谢人寄茶筅子》：“看君眉宇真龙种，犹解横身战雪涛。”公子，古代称诸侯的儿子或女儿，后来称豪门世家的儿子。

[50] 司职方：指擦拭用的茶巾。茶巾有以丝制成，以“司”谐音。陆羽《茶经·四之器》：“巾，以絁布为之。长二尺，作二枚，互用之，以洁诸器。”絁布即是厚重的丝织物。周有职方氏，掌地图职贡等。北絁周承此制。隋初有职方侍郎，炀帝改称职方郎，掌地图等。唐代兵部所属有职方，为兵部的一司。掌地图、域隍、镇戍、烽候等。宋朝沿唐制，其属为三部：职方、驾部、库部。职方的官员

为职方郎中、员外郎。这里用“职”谐音“织”，方指方巾，描述巾的形状。司职方，即丝织的方巾。

[51] 成式：通常指原有的规则格式。这里或因“式”“拭”同音，指其功用为擦拭、拂拭，成式即是可以用来拂拭之意。

[52] 如素：没有染色的丝称“素”，《说文》：“素，白致缯也。”如素除了形容其质地，也有质朴高洁之意。

[53] 洁斋居士：洁斋，净洁身心，诚敬斋戒。茶巾的作用是使器物清洁。洁斋可为斋号，如南宋大儒袁燮斋号为洁斋，世称洁斋先生。居士，指在家志佛道者，亦泛指有才德而隐居不仕之人。

咸淳己巳[54]五月夏至后五日，审安老人书。

韦鸿胪

赞曰：祝融司夏[55]，万物焦烁[56]，火炎昆岗，玉石俱焚[57]，尔无与焉[58]。乃若[59]不使山谷之英[60]堕于涂炭[61]，子与有力矣[62]。上卿[63]之号，颇著微称[64]。

木待制

赞曰：上应列宿[65]，万民以济[66]，禀性刚直，摧折强梗[67]，使随方逐圆之徒[68]，不能保其身。善则善矣，然非佐以法曹、资之枢密，亦莫能成厥功[69]。

韋鴻臚

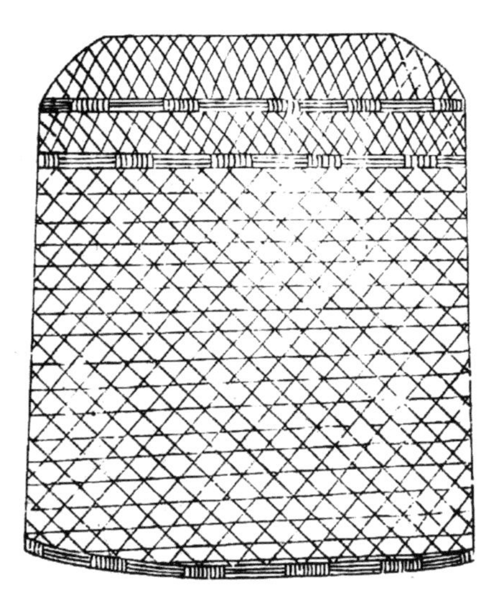

制待木

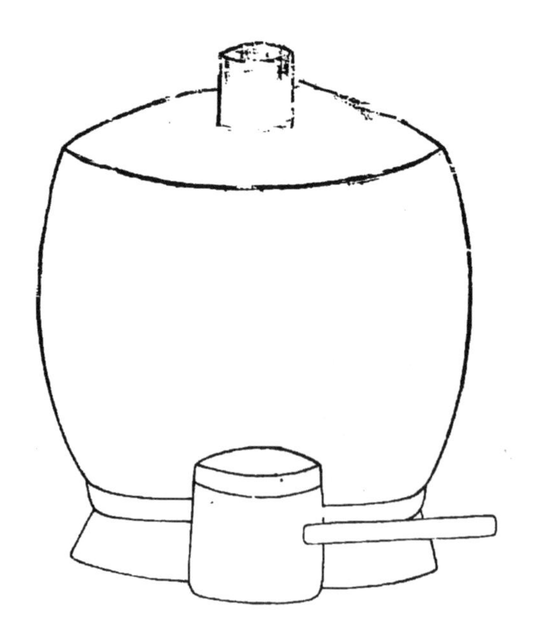

［54］咸淳己巳：咸淳五年（1269），咸淳为南宋度宗年号，1265—1274年，共十年。

［55］祝融司夏：祝融为帝喾时的火官，后尊为火神，亦为南方之神。《国语·郑语》："夫黎为高辛氏火正，以淳燿敦大，天明地德，光照四海，故命之曰'祝融'，其功大矣。"司夏，主掌夏天，《礼记·月令》："孟夏之月……其神祝融。"

［56］焦烁：犹烧灼。形容酷热。

［57］火炎昆岗，玉石俱焚：语出《尚书·胤征》："火炎昆冈，玉石俱焚。"昆岗：古代传说中产玉的山。这句话一般的意思是指不分好坏，同归于尽。这里用来形容烧火。

［58］尔无与焉：你（烘笼）并没有参与（前面）这些事。

［59］乃若：至于。

［60］山谷之英：指茶。

［61］涂炭：泥和炭火，本义指极困苦的境遇。这句话是说烘笼盛茶使其免受摧残破坏。

［62］子与有力矣：（这方面）你有功劳。

［63］上卿：周制天子及诸侯皆有卿，分上中下三等，最尊贵者谓"上卿"。汉武置鸿胪，为九卿之一，故这里称其为上卿。

［64］颇著微称：颇能让隐匿的名声显扬。

［65］上应列宿：对应于天上的星宿。典出《后汉书》卷二《明帝纪》："永平……十八年……馆陶公主为子求郎，不许，而赐钱千万。谓群臣曰：'郎官上应列宿，出宰百里，苟非其人，则民受其殃，是以难之。'"唐李贤注：《史记》曰：

‘太微宫后二十五星郎位也。’”指馆陶公主为儿子向汉明帝求个郎官，但是汉明帝认为郎官也很重要，不能随便任命，于是只赏给公主金钱。上应列宿是说天上有个郎星，地上的郎官与其对应。此处盖以待制为郎官，故有此说。

[66] 万民以济：老百姓靠（他）帮助利益。

[67] 摧折强梗：摧折，打击；强梗，指骄横跋扈、胡作非为的人。这里用刚正不阿的描述来人格化的代指茶槌击碎茶饼的过程。

[68] 使随方逐圆之徒：本指立身行事缺乏原则的人。这里指片茶，片茶依不同的模具而呈现方形或圆形。所以称其“随方逐圆”。

[69] 这句是说茶槌茶臼虽然很好，但是如果不靠茶碾、罗盒的帮助，也无法成功。因为茶槌茶臼只是初步打碎，碎片较大，需要茶碾碾细，茶筛筛取，才能得到合适的茶粉。厥，他的。

金法曹

赞曰：柔亦不茹，刚亦不吐[70]。圆机运用[71]，一皆有法[72]，使强梗者不得殊轨乱辙[73]，岂不韪欤[74]？

石转运

赞曰：抱坚质，怀直心[75]，啖嚅英华[76]，周行不怠[77]，

曹 灤 金

石轉運

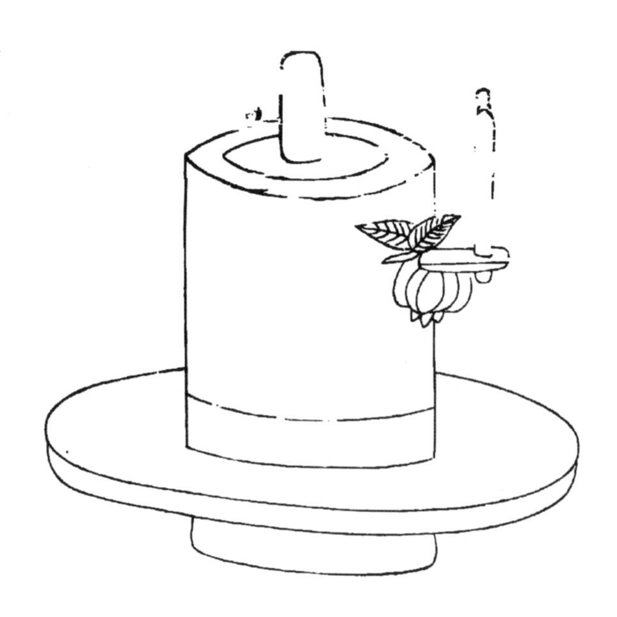

斡摘山之利[78]，操漕权之重[79]，循环自常[80]，不舍正而适他[81]，虽没齿无怨言[82]。

---

[70] 柔亦不茹，刚亦不吐：出《诗·大雅》："人亦有言：柔则茹之，刚则吐之。维仲山甫，柔亦不茹，刚亦不吐；不侮矜寡，不畏强御。"孔颖达疏："喻见前敌寡弱者则侵侮之，强盛者则避畏之。"孔颖达说的是"柔则茹之，刚则吐之"，"柔亦不茹，刚亦不吐"的意思就是不欺侮弱者，不避畏强者。茶碾可以碾碎较大的碎片，而已成细密茶粉则不能再碎，所以用《诗经》的这个典故是很恰当的。

[71] 圆机运用：圆机，指见解超脱，圆通机变。圆机运用，这里是指碾轮沿中轴做圆周运动。

[72] 一皆有法：全部都有法度。指碾轮不离于碾槽。

[73] 使强梗者不得殊轨乱辙：使得跋扈非为的人不能超出轨则法度。这里是形容茶的碎片在碾槽里接受碾压，不会跑到外面去。殊，超过。

[74] 岂不韪欤：难道不是很对的吗？韪：是、对。

[75] 抱坚质，怀直心：茶磨为石头材质，中间有竖直的孔，故称其为："抱坚质，怀直心。"

[76] 啖嚅英华：啖嚅，吃，尤其有细细嚼的意味。英华，这里指茶。说的是投茶进入茶磨，细细研磨的意思。

[77] 周行不怠：循环运行而不懈怠。语出《老子》："有物混成，先天地生，寂兮寥兮，独立不改，周行而不殆，可以

为天下母。”茶磨沿中心做圆周运动，故称为“周行”。

[78] 斡摘山之利：摘山，指在茶山采茶。宋代黄庭坚《山谷诗》卷八《再答冕仲》：“投身世网梦归云，摘山鼓声雷隐空。”斡，旋转、运转。这句一方面是说掌控着茶这类经济作物，《宋史·职官志》：“提举茶盐司，掌摘山煮海之利，以佐国用。”当时福建路不涉盐业，仅称“提举常平茶事”。当然同时也是在说茶磨转动、研磨茶粉。

[79] 操漕权之重：同上面一样是语带双关，一方面是指转运使执掌漕运钱粮，宋代亦常以“漕”代指转运使的职能，如转运使官署“转运使司”即称为“漕司”。另一方面也是说茶磨在研磨从碾槽中取出的茶粉。

[80] 循环自常：长久周而复始的运转。循环往复。

[81] 不舍正而适他：不抛弃自身的正直而又能够切合他人。指石磨中轴不变而能完成碾磨的功能。

[82] 虽没齿无怨言：语出《论语·宪问》：“夺伯氏骈邑三百，饭疏食，没齿无怨言。”没齿，终身，一辈子。这里指石磨上下盘之间的凿齿渐渐磨平，而其任劳任怨。

胡员外

赞曰[83]：周旋中规而不逾其闲[84]，动静有常而性苦其卓[85]，郁结之患悉能破之[86]，虽中无所有而外能研究[87]，其精微不足以望圆机之士[88]。

外負胡

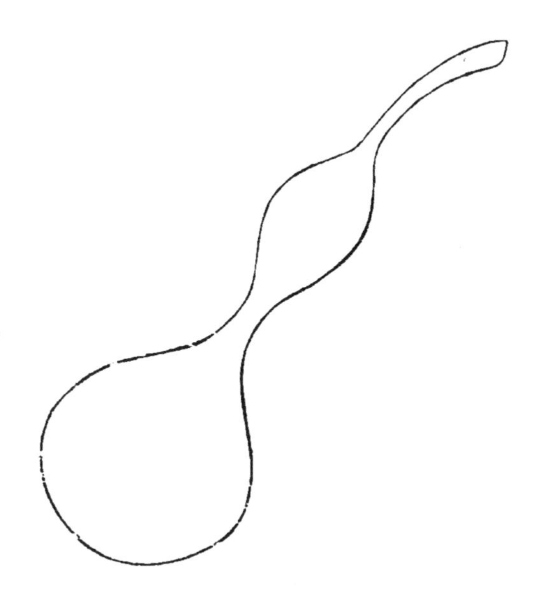

[83] 按，这段赞语体现茶瓢特点并不明显，“郁结之患悉能破之”，更像是指碾磨器，“周旋中规”像是指茶碾。“中无所有而外能研究”又像茶磨。“其精微不足以望圆机之士”是指研磨效果不及茶碾，那很可能是指研茶钵。综合考虑，能全部符合的只能是研茶钵。颇疑此文为后加入，或者位置有错讹，或原来有十三先生也未可知。

[84] 周旋中规而不逾其闲：周旋应对都能够合乎规范，不会超过范围。这里的“闲”，取其本义，遮拦物。这句是说在研茶钵内杵沿着钵壁做规律的圆周运动不会超过边缘。

[85] 性苦其卓：品性坚苦卓绝，形容研钵研磨时摩擦困顿的状态。

[86] 郁结之患悉能破之：纠结的烦恼忧患都能够破除。郁结：指忧思烦冤纠结不解。这句是说研钵能将纠结的茶饼块研开破碎。

[87] 虽中无所有而外能研究：这句是说心无杂念而外能专研。中无所有，指心无杂念，虚中之态。这句是说研钵中空，杵沿着钵壁研磨。

[88] 其精微不足以望圆机之士：上文的“圆机运用”指的是茶碾。这句是说研钵的研磨细致程度不如茶碾。研钵在唐代即已普及，有大量实物留存，其研磨出来的茶粉比碾要粗一些，适合要求不高的情况下使用。

罗枢密

赞曰：几事不密则害成[89]，今高者抑之，下者扬之[90]，使精粗不致于混淆，人其难诸[91]。奈何矜细行而事喧哗[92]，惜之。

---

[89] 几事不密则害成：几事，机密的事。此句语出《易·系辞上》："几事不密则害成。"孔颖达疏："几，谓几微之事当须密慎，预防祸害。"这里指罗筛如果不够细密，茶粉点茶就达不到效果。

[90] 高者抑之，下者扬之：既言处事修身之道，又言筛茶的动作。扬起的茶末碰到盒盖下落，即"高者抑之"，筛表面的茶末要扬起来，即"下者扬之"。

[91] 这句是说，去粗取精这件事对其他人来说是很困难的。人其难诸，他人以此为难。

[92] 矜细行而事喧哗：在小事细节方面谨慎却行喧哗之事。这里指罗筛虽然筛茶细密但是有噪声。这里直接指出其本非缺点的缺点，似乎和作者对枢密院的看法有关。盖枢密院主军事，有宋一代重文抑武，故有此说。后面还有多处谈用兵军事，大抵都是类似的观点。

羅樞密

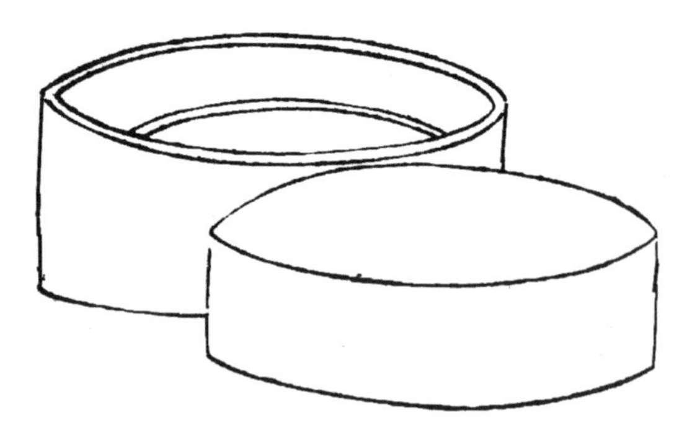

宗从事

赞曰：孔门高弟，当洒扫应对事之末者[93]，亦所不弃[94]，又况能萃其既散、拾其已遗[95]，运寸毫而使边尘不飞[96]，功亦善哉。

---

[93] 孔门高弟，当洒扫应对事之末者：此句出《论语子张》："子夏之门人小子，当洒扫应对进退，则可矣，抑末也。"这句话的理解有不同的角度，一方面可以说"洒扫应对进退"是末而非本，另一方面也可以说对于童子来说，是儒家教育的基础。如宋朱熹《〈大学章句〉序》："人生八岁，则自王公以下，至于庶人之子弟，皆入小学，而教之以洒扫应对进退之节，礼乐射御书数之文。"那对于茶帚来说，指的是其扫茶末的功能。

[94] 亦所不弃：洒扫应对虽为枝末，但亦不轻忽放弃。

[95] 萃其既散、拾其已遗：能够汇集拾回已经零散遗落的东西，指从事的辅助之功，同时还是在说茶帚的功能。

[96] 运寸毫而使边尘不飞：字面意义是动动笔就能安抚边疆不起战事。也是说动动茶帚就能让边缘茶末聚拢而不飞扬。寸毫，既可以指毛笔，也可以指茶帚之棕丝。从这句和下面的"功亦善哉"来看，作者仍然是推崇外交胜于军事的思路，和上面对罗枢密的态度形成对比。

宗從事

漆雕秘阁

赞曰：危而不持，颠而不扶[97]，则吾斯之未能信[98]。以其弭执热之患[99]，无坳堂之覆[100]，故宜辅以宝文[101]，而亲近君子[102]。

---

[97] 危而不持，颠而不扶：语出《论语·季氏将伐颛臾》："危而不持，颠而不扶，则将焉用彼相矣。"意思是，危险不去扶助，跌倒了不去搀扶，那还用辅助的人干什么呢？这里是说盏托的功能是稳固茶盏，使其不至倾覆。

[98] 吾斯之未能信：语出《论语》："子使漆雕开仕。对曰：'吾斯之未能信。'子说。"是说孔子让漆雕开出来做官，漆雕开认为自己才德尚有不足，所学有未信实处。孔子对他的回答表示满意。用在这里一方面是漆雕秘阁取漆雕为姓，对应漆雕开；另一方面则结合上文说，如果不能扶助倾危，则不能信其事，换言之危而必持，颠而必扶才是可信的。指典故、人事亦指茶事，语带三关。

[99] 弭执热之患：消除烫手的忧患，指茶盏隔热，使得热盏易于握持。实际上茶盏的发明即与此有关，见上文"漆雕秘阁"的解释。执热，典出《诗·大雅·桑柔》："谁能执热，逝不以濯。"毛传："濯所以救热也。" 对执热有不同理解。如郑玄笺："当如手执热物之用濯。"另如段玉裁曰："执热，言触热、苦热。濯，谓浴也……此诗

漆雕秘閣

谓谁能苦热，而不澡浴以洁其体，以求凉快者乎？”见《〈诗〉“执热”解》。这里是指手持热盏。

[100] 坳堂之覆：典出《庄子·逍遥游》：“且夫水之积也不厚，则其负大舟也无力；覆杯水于坳堂之上，则芥为之舟，置杯焉则胶，水浅而舟大也。”王先谦集解引支遁云：“谓堂有坳垤形也。”过去一般认为坳堂是堂上的凹陷处。今人王光汉《释“坳堂”》考证认为“坳堂”是楚方言，只是小坑的意思。《庄子》原文的意思是说水浅舟大则不可行。这里以“覆杯水”取其杯子倾覆之义，指盏托让茶盏在点茶时不会倒下。

[101] 故宜辅以宝文：茶盏（陶宝文）自然是要和盏托在一起，所以说宜辅以宝文。

[102] 亲近君子：指和茶盏（陶宝文）在一起。盖作者以为，宝文阁诸学士都是君子之流。

陶宝文

赞曰：出河滨而无苦窳[103]，经纬之象[104]，刚柔之理[105]，炳其绷中[106]，虚己待物[107]，不饰外貌[108]，位高秘阁[109]，宜无愧焉[110]。

[103] 出河滨而无苦窳：典出《史记·五帝本纪》：“舜耕历山，历山之人皆让畔；渔雷泽，雷泽上人皆让居；陶河

陶寶文

滨，河滨器皆不苦窳。”是说舜在黄河边制陶器，这些陶器都不是那种粗糙低劣的品质。苦窳：粗糙质劣。苦，通“盬”。《韩非子·难一》：“东夷之陶者器苦窳，舜往陶焉，朞年而器牢。”

[104] 经纬之象：典出《国语·周语下》：“天六地五，数之常也。经之以天，纬之以地，经纬不爽，文之象也。”是说以天地为法度，法度没有差错，就是“文”的显现了。这里以“经纬之象”代指“陶宝文”之纹。

[105] 刚柔之理：阴阳之理。出《易·系辞下》：“刚柔相推，变在其中矣。”孔颖达疏：“刚柔即阴阳也。”这里说茶盏符合阴阳变化的道理。

[106] 炳其绷中：绷中所指不详，绷或为“弸”。弸中，指谓（才德）充实于内。汉扬雄《法言·君子》：“或问：‘君子言则成文，动则成德，何以也？’曰：‘以其弸中而彪外也。’”南朝梁刘勰《文心雕龙·程器》：“发挥事业，固宜蓄素以弸中，散采以彪外。”“炳其绷中”与“弸中彪外”同义，谓才德充实于内者，则文采必自然发扬于外。

[107] 虚己待物：典出《庄子·人间世》：“气也者，虚以待物者也。”成玄英疏：“虚空其心，寂泊忘怀，方能应物。”指虚其心方能接纳外物。又泛指待人接物，如《晋书·元帝纪》：“帝性简俭冲素，容纳直言，虚己待物。”这里指杯子用来容纳茶汤。

[108] 不饰外貌：外表不加装饰。这是相对于“漆雕秘阁”来说

的，漆雕的盏托表面是雕以花纹的。

[109] 位高秘阁：茶盏置于盏托之上，高于盏托，故称高于秘阁。同时茶盏不饰外貌，盏托雕以花纹，相对来说茶盏品格更高。从秘阁和宝文阁的分工来说，宝文阁是藏皇帝御书、御制文集（仁宗、英宗），比一般意义上皇家藏书的秘阁规格要高。所以这里也是语带三关。

[110] 宜无愧焉：应该没有什么惭愧之处。

汤提点

赞曰：养浩然之气[111]，发沸腾之声[112]，中执中之能[113]，辅成汤之德[114]，斟酌宾主间[115]，功迈仲叔圉[116]，然未免外烁之忧[117]，复有内热之患[118]，奈何。

[111] 养浩然之气：语出《孟子·公孙丑上》：“我善养吾浩然之气。”指浩大刚正的精神。这里指水在汤瓶里加热产生蒸汽。

[112] 沸腾之声：沸腾除了指水波翻涌，也表示情绪高涨、声势猛烈，也表示声音喧闹。这里所指盖兼而有之。

[113] 中执中之能：执中，谓坚持中和、中庸的原则。《孟子·离娄下》：“汤执中。”南宋朱熹《孟子集注》云：“执谓守而不失；中者，无过不及之名。”又《书·大禹谟》：“人心惟危，道心惟微，惟精惟一，允执厥中。”孟子原文提到

湯提點

的“汤执中”，本指商汤，但汤又恰好对应“汤提点”，又徽宗、高宗朝臣有名汤执中者，虽官位不高，但一生热心报国，颇有军事才能，配合岳父抗金，作者未必有此意，姑且附于此。当然这里也指代汤瓶执其中间的壶柄方能提点。第一个“中”是“合于”的意思，意谓与中正之道相合，同时又是“正对着”的意思，意谓执中之柄正相对。

[114] 辅成汤之德：成汤是商朝开国之君，上面讲《孟子》：“汤执中”之语即是指成汤，这里“成汤”又有“使汤成”之意，即让水烧开的意思，这正是汤瓶的功用。

[115] 斟酌宾主间：斟酌有安排、执掌之意，代指汤提点的职能。斟酌同时又有倒酒的意思，这里代指倒水。同时斟酌又有品评之义。以上三义兼而有之，这里指在宾主之间倒水品茶。

[116] 功迈仲叔圉：功劳超过孔圉。仲叔圉，指孔圉，被授予“文公”的谥号。后人就尊称他为孔文子。《论语·公冶长》：“敏而好学，不耻下问”即是孔子对他何以被称为“孔文子”的解释。这里提到孔圉，其典故出自《论语·宪问》：“子言卫灵公之无道也，康子曰：‘夫如是，奚而不丧？’孔子曰：‘仲叔圉治宾客，祝鮀治宗庙，王孙贾治军旅，夫如是，奚其丧？’”孔子在解释卫灵公无道却还没有灭亡的原因时，提到有三个大臣尽职尽责，其中孔圉是负责接待宾客的，这个对应上文“斟酌宾主间”，同时与提点职能相关。

[117] 未免外烁之忧：外烁，亦作外铄，《孟子·告子上》：“仁、义、礼、智，非由外铄我也，我固有之也，弗思耳

矣。”指仁、义、礼、智是本有的，不是外在环境造成的。荀子则与此相反，于是有“外铄”和“内生”之争。这里烁，取其烤灼之义，即汤瓶置于炉上被炭火烤灼，故称“外烁之忧”。

[118] 内热之患：内热古时有二种义。一种指内心忧煎焦灼。《庄子·人间世》：“今吾朝受命而夕饮冰，我其内热与！”成玄英疏：“诸梁晨朝受诏，暮夕饮冰，足明怖惧忧愁，内心燻灼。询道情切，达照此怀也。”另一种指阴阳不协，虚火上亢。《左传·昭公元年》：“女，阳物而晦时，淫则生内热惑蛊之疾。”这里二义皆可，同时指汤提点为完成工作心怀忧虑之情，同上文《庄子》中的叶公子高。同时也指代汤瓶内怀热水之态。

竺副帅

赞曰：首阳饿夫[119]，毅谏于兵沸之时[120]，方金鼎扬汤[121]，能探其沸者几稀[122]！子之清节[123]，独以身试[124]，非临难不顾者畴见尔[125]。

---

[119] 首阳饿夫：指殷逸民伯夷、叔齐耻食周粟，隐于首阳山，采蕨为食，终至饿死。后世用作坚守节操的典故。见《史记·伯夷列传》。这里引用伯夷、叔齐的典故，主要是

竺副帥

因为这两个人是孤竹国末代君主孤竹君的儿子，取其“孤竹”二字来代茶筅。

[120] 毅谏于兵沸之时：指茶筅在热水注入时搅拌。兵沸指沸水；毅，果敢；谏，本指直言规劝，这里盖亦谐音“剑”，因茶筅形如剑脊。宋徽宗《大观茶论》：“筅欲疏劲，本欲壮而未必眇，当如剑脊之状。”

[121] 金鼎扬汤：指炉上水沸，亦喻危急时刻。

[122] 能探其沸者几稀：（在这种危急时刻），能探入沸水中的太少了，比喻在危急时刻敢于置身困难中。

[123] 清节：清高的气节、节操。竹子因为有节、虚心、刚直、同时气味清香，故常用来指代气节。所以此处用清节也是双关。

[124] 独以身试：独自以身尝试。

[125] 非临难不顾者畴见尔：除非是面临危难而不顾危难的人，谁又能见到呢？

司职方

赞曰：互乡之子[126]，圣人犹且与其进[127]，况瑞方质素[128]，经纬有理[129]，终身涅而不缁[130]者，此孔子之所以洁也[131]。

[126] 互乡之子：典出《论语·述而》：“互乡难与言，童子见，门人惑。子曰：‘与其进也，不与其退也，唯何甚？

司職方

人洁己以进，与其洁也，不保其往也。’”大意是说，互乡童子来见孔子，孔子弟子表示不理解，孔子说应当肯定人家的进步。这里用互乡童子的典故，主要取后面一句话“人洁己以进，与其洁也，不保其往也。”指代茶巾清洁的功能。

[127] 圣人犹且与其进：圣人尚且肯定他的进步。指上面一条注释《论语》中孔子肯定互乡童子的话。

[128] 况瑞方质素：何况茶巾本质素朴。瑞、吉祥；瑞方，或为端方之误，端正方直。质素，指其材质为未染色的丝绢，同时也说其品性素朴，不加文饰。

[129] 经纬有理：横线纵线皆有条理。经纬，既指茶巾的横线纵线，同时也指规划管理，指代司职方做事有序。

[130] 涅而不缁：典出《论语·阳货》：“不曰白乎，涅而不缁。”涅：矿物名，古代用作黑色染料；缁：黑色。用涅染也染不黑。比喻品格高尚，不受恶劣环境的影响。这里指茶巾即使擦拭时弄脏也可以清理干净，不会被染黑，表现其品性高洁。

[131] 此孔子之所以洁也：这正是孔子以其为洁净的原因，指上文“互乡之子”典故中孔子的评价。